国家社会科学基金"十二五"规划教育学青年项目课题（CEA130145）项目成果

当代青少年生命道德感的
心理学研究

李霞　著

中国社会科学出版社

图书在版编目（CIP）数据

当代青少年生命道德感的心理学研究／李霞著 . —北京：中国社会科学出版社，2020.4

ISBN 978-7-5203-6092-0

Ⅰ.①当… Ⅱ.①李… Ⅲ.①青少年—生命伦理学—研究 Ⅳ.①B82-059

中国版本图书馆 CIP 数据核字（2020）第 036736 号

出 版 人　赵剑英
责任编辑　宫京蕾
责任校对　秦　婵
责任印制　郝美娜

出　　版　中国社会科学出版社
社　　址　北京鼓楼西大街甲 158 号
邮　　编　100720
网　　址　http：//www.csspw.cn
发 行 部　010-84083685
门 市 部　010-84029450
经　　销　新华书店及其他书店

印刷装订　北京君升印刷有限公司
版　　次　2020 年 4 月第 1 版
印　　次　2020 年 4 月第 1 次印刷

开　　本　710×1000　1/16
印　　张　13.75
插　　页　2
字　　数　221 千字
定　　价　78.00 元

前　言

近年来，青少年的校园暴力、校园谋杀、残害动物、自我伤害、自杀事件屡见报端。不管是伤害他人还是伤害自己等都折射出当今部分青少年对生命的忽视与践踏，这种漠视自己和他人生命的社会现象引起了学术界越来越多的关注。同时，青少年冒着生命的危险挽救陌生人生命的报道也常有发生。当我们把这些社会现象综合起来看时，不难发现，他们都和如何对待生命有关，主要包含对生命的漠视或关怀，不同的生命态度可能导致截然相反的结果。

生命道德是人与自己生命、他人生命、人类生命及他类生命之间关系的道德，中西方古代先哲们很早对这个生命哲学问题进行过阐述，如古代儒家就提倡"天生百物，人为贵"（《郭店楚墓竹简》）。"身体发肤，受之父母，不敢毁伤，孝之始也。"（《孝经开宗明义章》）道家也提倡"圣人忧虑天下，莫贵于生"（《吕氏春秋》）的重身贵生的思想。西方的帕斯卡、卢梭等也思考过人的生命本质问题，重视生命教育。法国思想家阿尔贝特·史怀泽提出以"敬畏生命"为核心的生命伦理思想，主张人类应当像敬畏自己的生命一样去敬畏所有的生命，只有以敬畏生命的态度建立与其他生命的联系，人类才能与自然的一切生命建立新的和谐秩序。可见，古今中外的哲学家、思想家、教育家对人的生命道德问题给予了极大的关注，主要提倡以尊重、敬畏、关怀生命为核心的生命道德思想。在一个社会里，如果每个生命懂得珍爱自己、关怀他人、理解生命的价值并最大程度地努力实现生命的潜能，那么，他们所组成的社会必将是一个健康、强盛的社会。

生命道德主要与伤害、危及自己或他人生命的健康和行为问题相关。生命是人之为人的根本，生命也是一切之根本，离开了生命，其他一切都无从谈起。因而，本研究尝试从心理学的视角出发探讨生命道德和生命受威胁时的心理与行为的关系，把伦理学中的生命道德带到心理学领域。为此，本研究尝试建构生命道德感的概念和理论假说，生命道德感是个体尊重和敬畏生命，关怀和保护生命的程度，它既可以是一个相对稳定的人格倾向，也可以是一种由情境诱发出来的状态和体验。生命道德感对自我伤害、自杀、攻击行为、虐待行为和紧急助人行为有较好的解释力，能对这些与生命息息相关的内化健康和外化的社会行为有更好的预测力。一个缺乏生命道德感的个体有更多的自我伤害行为、攻击和虐待行为；一个具有较高生命道德感的个体在他人生命危急时刻，会表现出更多的见义勇为行为。同时，生命道德感具有自我取向和他人取向的双重属性，一个生命道德感水平较高的个体，会尊重和珍惜自己的生命，有较少的自我伤害水平，同时在其他生命需要帮助的时刻，会超越自己的需要和利益，关心他人的福祉，表现出更多的亲社会行为，特别是当其他生命处于危急时刻。

为验证生命道德感的理论建构，本研究系统地采用多种实证研究范式，主要通过使用问卷调查法和实验研究法来探讨生命道德感对这些生命相关的内化健康和外化行为的影响。具体如下。第一，通过问卷法编制一个生命道德感问卷，主要用来评估生命道德感的个体差异性。第二，通过问卷法的相关研究，探讨生命道德感和生命意义感、敬畏、自我伤害、攻击、虐待和亲社会行为的关系，为生命道德感的相关理论建构提供实证支持。第三，为验证生命道德感的自我取向属性，本研究通过问卷法探讨了生命道德感对自我伤害行为的影响及其机制。第四，为验证生命道德感的他人取向属性，本研究通过问卷法和实验法系统地探讨了生命道德感对亲社会行为的影响及其机制。

本课题开展的系列研究可为生命道德感相关的理论建构提供实证依据，同时为综合理解自我伤害行为、自杀行为、攻击行为、虐待行为、紧急助人等社会现象提供一个新的理论视角，帮助我们在一个研究框架中更好地理解这些心理与行为现象。此外，这些研究结果也为生命道德感的心理学研究提供了方法学层面的可操作性手段，生命道德感问卷和书写任务中诱发的生命道德感状态的操纵手段有利于促进和丰富生命道德感领域的未来研究。此外，生命道德感的理论梳理和实证结果可为家庭、教育者、政府部门、临床工作者带来诸多启示，加强了青少年生命道德教育的针对性和科学性，可更好地控制和减少青少年伤害自己和其他生命，促进青少年的身心健康和亲社会行为，对维护家庭完整和构建和谐关系具有重要社会现实意义。

目　录

第一章

伦理学领域的生命道德

第一节　生命道德

一　生命

在中国古代，"生"最早出现于殷代《卜辞》，属于甲骨文字形，下面是土壤，上面则是在生长着的草木，最早的意思是说草木从土里生长出来，后来逐渐引申成生命的孕育产生，事物的产生与发展，一直生生不息的状态。而"命"则是由"令"演变而来的，原本的意思是发号施令，很快人们就把"命"与"天"联系起来了，这代表着人们认为命的力量源于上天，我们本身没有办法进行选择。在先秦时期，"生命"一词出现，《战国策秦策三》曰："万物各得其所，生命寿长，终其年而夭伤。"春秋时期，人们开始把"生""死""命"联系在一起使用。这时，"命"才有"性命""生命"的意思。在《道德经》里，"生命"首先表现的是个体的能力、形态等，然后才是生命不断成长发展，生生不息的状态，同样也是让整个世界充满活力的重要部分。

恩格斯（1971）给生命下过一个定义："生命是蛋白体的存在方式，这种存在方式的基本因素在于和它周围的外部自然界的不断的新陈代谢，而且这种新陈代谢一停止，生命就随之停止，结果便是蛋白质的分解。"①《辞海》中对生命的解释是：生命是由高分子的核酸蛋白体和与其他物质组成的生物体所具有的特有现象。能利用外界的物质形成自己的身体和繁衍后代，按照遗传的特点生长、发育、运动，在环境变化

---

① ［德］恩格斯：《自然辩证法》，人民出版社1971年版。

时常表现出适应环境的能力（辞海编辑委员会编著，2003）。①

　　人的生命包括两个密不可分的部分：一个是自然生命，一个是价值生命。"自然生命是价值生命的载体，价值生命是自然生命的灵魂，舍弃二者中的任何一个，生命都是不完整的。"（冯建军，2003）② 我们应该敬畏、尊重、关爱与保护自然生命。而价值生命，我们应该在充分了解自然生命及生命带给我们的意义之后再提升，这样会使我们的生命更有意义。当然，生命有狭义和广义的区分，狭义的生命是指人的生命；而广义的生命是说包括自然界在内的所有生命，不仅包括人的生命，还有宇宙中所有动植物的生命。

　　总地来说，生命的本质就是发展，生命存在的每个瞬间都在变化发展，在不断地调整自身内部的各种机能与外在环境的关系，以达到生命生生不息，自我不断进步和发展的目的（燕利霞，2013）。③

二　道德

　　古籍记载，最早时"道"与"德"是分开使用的。"德"字最早从商代甲骨文中就有记载，但含义不明确，到西周时，"德"才有"按规范行事有所德"的意思，"德"本义是"得"（彭舸珺，2013）。④ "道"字最初是"周道如砥，其直如矢"的意思，就是道路的含义，后面慢慢发展成规范、道理、原则等（彭舸珺，2013）⑤。后来"道""德"开始连在一起使用，主要指风俗习惯，人们关系间的相互行为规范，也指个人的修养和品质等。在春秋战国时期，荀子《劝学》说道："故学至乎礼而止矣，夫是之谓道德之极。"孔子也在《论语》中说过："志于道，据于德，依于仁，游于艺。"和"朝闻道，夕可死矣"等。孔子所说的"道"包括天道与人道，形而上、形而下的都有，这便是孔子所教我们的，我们的志向要从最高的目的开始。文中的"德"指立志虽然要高远，但想要达到天人合一的境界必须要从道德的行为开始。也

---

① 辞海编辑委员会编著：《辞海》，上海辞书出版社 2003 年版。
② 冯建军：《简论学校教育中的生命关怀》，《教育评论》2003 年第 2 期。
③ 燕利霞：《高中生命道德教育现状的调查研究——以河南省济源市普通高中为例》，硕士学位论文，西北师范大学，2013 年。
④ 彭舸珺：《当代社会生命道德教育研究》，硕士学位论文，兰州大学，2013 年。
⑤ 同上。

就是说，所谓天人合一的天道和人道是要从道德的行为开始。人们知道"道"，遵循"道"，想要成为得道之人，就必须要内得于己，外施于人，这就是"德"。道德是人类对长期社会活动中好的行为模式的整合与总结，简单说就是人类社会行为模式的规律（彭舸珺，2013）。①

"道德"最早源于拉丁语，后来意思不断引申和演变成行为准则规范和品质等。霍尔巴赫是近代法国唯物主义者，他认为"做善事，为旁人的幸福尽力，扶助旁人，就是道德"（彭舸珺，2013）。② 从中外思想家对道德的见解，我们可以看出，道德是会随社会发展和人们认识能力的提高而发生变化的，道德是人类社会才存在的现象，基本包含了两个内容：社会道德和个人道德。一般来说，道德是个人的品性和社会规范相统一的，它是调节人们相互关系的规范与准则，它是既被赋予了道德理想，又被赋予社会理想的普遍法则，从多方面反映出人的原则、规范、品性、境界等。

对道德从以下几个方面进行具体的解读（彭舸珺，2013）③。（1）道德一般表现为道德品质，在我国，道德是从两个不同概念的字演变而来的，"道"是整个社会的行动准则与社会规范，不是个人层面的准则与规范，而想要遵从和实现"道"，就要有"德"，而"德"是指个体遵循社会的"道"而形成的"心得"，也就是个人的道德品质。在西方，从古希腊时期便把道德归结于个人的素质或道德品质，他们认为道德是"行为、举止的正直（正当）和诚实"和"一种在行动中造成正确选择的习惯，并且这种选择乃是一种合理的欲望"。在我国，荀子开始把"道""德"两字加以贯通作为连用后，就包含了社会规范和个人品性两层意思。（2）道德跟其他社会意识形态不同，它是有特殊规范调节方式的社会意识，道德作为一种具体的社会意识形态，是非制度化、没有强制性、完全靠自我内化的道德行为规范，它不是通过法律或其他规章制度颁布出来的，而是通过在同一生活环境或同一社会的人们在日积月累的共同生活的岁月中所形成的行为规范与秩序，它们是借助于社会舆论、传统习惯与自己内心的意志与信念来完成的，社会舆论

---

① 彭舸珺：《当代社会生命道德教育研究》，硕士学位论文，兰州大学，2013 年。
② 同上。
③ 同上。

是一个法庭，而我们的信念则是无时无刻都存在的"法官"，两者同时在对我们的行为不断地进行审判。当然，也只有人们完全遵从自己的内心而接受它，把它转化为意志与信念时才能真正得以实施。若是被迫遵从的人，可能是个好公民，但道德层面上不一定是个好人，因为道德往往深藏在人们的习性、品格之中，通过人们平时的言行举止表现出来。（3）道德具有双重性，它既是一种精神文化的现象，又对价值观具有实践指向意义。道德是属于意识形态范围，但又规范着人们的行为，所以道德必须见之于行动。道德主要是以评价的手段从精神方面来调节人和人之间的关系，达到改变世界的目的。评价的手段包括社会舆论评价、自我评价等，形成特殊的行为准则和社会秩序来实现社会繁荣稳定、和谐发展，但是道德评价会随社会发展而变化，创造新的行为准则来对人们的行为进行指导和规范，这样又会形成新的道德环境。

三　生命与道德的关系

生命是道德的起点，也是道德最基本的载体，没有生命，就没有道德，任何道德都必须以生命的存在作为起点。我们总是相信，人一出生就被赋予了道德使命，人只要活着，我们就有探寻、追求美好而有意义的生活的欲望，而这个不断探寻的欲望让我们能够使自己的生命获得尊严和价值，一切都符合自己所想，能够让我们获得幸福。但是我们在追寻的过程中，也总是执着于"性善"的信念，但其实"善恶"在自然生命中并不冲突。"善"突出道德的可能性，而"恶"就更是指出了道德必要性（李慧，2010）。[①] 人在一生中存在各种各样的道德关系，人与自己的生命、与他人、与自然乃至社会都无时无刻不存在着道德关系，但是人只有在生命的过程中才能不断地发现它、认可它、实践它。只有在你决定对道德情感进行实践时，才能够真正地确定这种道德存在与否。

道德是生命发展到一定程度的应然形态。道德是属于精神生命和社会生命的范畴，按照马斯洛（2007）的需要层次理论所说，低级需要的满足是为实现高级需要，而高级需要的产生也是低级需要得到满足之

---

① 李慧：《高校道德教育的生命关怀》，硕士学位论文，湖南农业大学，2010 年。

后的必然趋势。① 生命和道德就是这样的关系，道德既能指出人具有迷失自己的本质的危险性与可能性，道德也能成为人的内在良知。

在审视生命与道德的关系时，我们应该知道，虽然道德在人之为人的问题上起到非常重要的作用，但是也不意味着道德能够凌驾于生命之上，道德是为了人产生，它的出现是为了个体能够获得更好的生活，但不能说人的生存是为了道德的体现（李慧，2010）。② 在生活中，我们总是认为道德是如何善待他人、如何处理人际关系的、处理社会关系的一种利他的道德规范，但是我们却忽视了最重要的一点，如何善待自己，很多道德规范不仅仅有利他的道德规范，也有善待自己的利己规范，例如自尊、贵生、幸福等（刘慧，2010）。③ 我们要意识到，善待自己是善待他人和社会的基础。斯宾诺莎（1983）说："一个人越努力并且越能够寻求他自己的利益或保持他自己的存在，则他便越有德行，反之，只要一个人忽略他自己的利益或忽略他自己存在的保持，则他便算是软弱无能。"④ 比如，自杀行为虽然是自我行为，但就它本身来说，是一种不道德行为，它是个体与其身心之间产生剧烈冲突和经过激烈斗争之后的行为结果，也是个体对自身道德义务的漠视。它也肯定会牵涉亲人朋友、家庭、社会等，就必然对他们产生一定的影响，也许会让他人精神痛苦、经济困难，从而影响他人和社会的利益。个体会从对自身的态度中衍生出对社会、对自然的态度，当个体对自己负责时才可能会对社会、对他人负责。假如现在社会的所有生命都是病态的、不健康的，连生存都是问题，那整个社会也都是病态的，根本难以存在和发展。相反，如果我们每个生命都是顽强而健康的，都能够充分地发挥自我的潜能，充分实现自我，那整个社会也会充满生机，必然也会健康蓬勃地发展。

因此，个体如何对待生命是一个与自己、与他人、与社会都有关的道德问题，人与生命之间确实有道德关系。生命道德就是人与自身生

---

① ［美］马斯洛：《人类动机理论》，许金声译，中国人民大学出版社 2007 年版。
② 李慧：《高校道德教育的生命关怀》，硕士学位论文，湖南农业大学，2010 年。
③ 刘慧：《生命道德：学校德育的重要内容》，《思想理论教育》2010 年第 2 期。
④ ［荷］斯宾诺莎：《伦理学》，贺麟译，商务印书馆 1983 年版。

命、他人生命、人类生命及他类生命之间关系的道德（刘慧，2005）。①

第二节　中国文化下的生命道德观

中华优秀的文化传统中蕴含着丰富的生命道德思想，中国古代的先哲们对生命伦理问题提出了自己的看法，古代思想学派林立，其中以儒家、道家和佛家的生命道德思想对后世影响较为深远。

一　古代的生命道德观

（一）儒家

蒙培元（2006）说："'生'便是生命创造，价值创造，'生'的哲学就是生命哲学、价值哲学。这正是孔子、孟子以来中国哲学的精神所在。"② 孔子的生命道德观具有重生、贵人、惜身、爱人等内容（黄艳，2013；李芳，2014）。③④ 我们将主要从以下几个方面进行阐述。

1. 重生

"天地之大德曰生"（《周易系辞下》），意思是认为万物恒生，连绵不绝。这是儒家最典型的重生的观点。儒家的中心思想就是"生"，孔子认同"生为贵"，"生生之谓易"（《周易系辞上》），他重视生命、热爱生命、赞美生命。孔子曾称赞尧："大哉尧之为君也！巍巍乎！唯天为大，唯尧则之，荡荡乎，民无能名焉。"（《论语泰伯》）意思是，帝尧作为一代君王是非常伟大的！他似崇山一般高高耸立，他如大地一样一望无际，他效法上天，好生恶杀。孔子珍惜天地间所有的生物，"德若天地而静虚，化若四时而变物。是以四海承风，畅于异类，凤翔麟至，鸟兽驯德"（《孔子家语好生》）。《论语集释》引洪氏曰："孔子少贫贱，为养与祭或不得已而约，如猎较是也。然尽物取之，出其不意，亦不为也。此可见仁人之本心矣。待物如此，待人可知；小者如

---

① 刘慧：《生命德育论》，人民教育出版社2005年版。
② 蒙培元：《蒙培元讲孟子》，北京大学出版社2006年版。
③ 黄艳：《孔子生命教育思想研究》，硕士学位论文，郑州大学，2013年。
④ 李芳：《我国高等学校学生生命观教育研究》，硕士学位论文，东北师范大学，2014年。

此，大者可知。"即便为了生存，孔子对动物的生命也是有所取舍的，对待动物如此，更何况是对人的生命。儒家对死亡采取回避的态度。孔子在《论语·雍也》中提出"大哉死乎"，"死亡，命矣夫"。他在《论语》中三十八处谈到死亡，但都是日常陈述，极少做学术讨论，其弟子子路问及死的问题，孔子曰"未知生，焉知死?"儒家肯定自然之力，人们在这种天命面前无能为力，只能听任。"死生有命，富贵在天"，"不知命，无以为君子"。儒家认为人从生到死的过程是一种必然的道理，是人间的法则，因而"乐知天命，故不忧"。儒家比较重视当下现实中生命及其价值。

2. 贵人

在所有的生命中，孔子是最看重人的生命。《孔子家语六本》有"天生万物，唯人为贵"的记载，《大戴礼记曾子大孝》记载孔子说过"天之所生，地之所养，人为大矣"。《郭店楚墓竹简》也说到"天生百物，人为贵"。荀子说过"水火有气而无生，草木有生而无知，禽兽有知而无义，人有气有生有知且有义，故最为天下贵也"（《荀子非相》）。这些观点都表明，儒家珍爱自己的生命，并认为人的生命是最为贵重的。人优异于万物，超越于群生，成为宇宙中的最伟大、最崇高者。天地之间最珍贵的是人的生命。《论语·乡党》记载："厩焚，子退朝，曰：'伤人乎?'不问马。"马厩着火了，最先遭灾的肯定是马。然而，孔子先问的是人受伤了没有，却根本不问及马。从这里可以看出人的生命在孔子心目中的地位，一般的财产损失当然是远远不及人生命的价值。既然儒家认为人的生命是天地之间最为宝贵的，那么珍惜生命就成为儒家对待生命首要的、基本的一个态度。

3. 惜身

子曰："身体发肤，受之父母，不敢毁伤，孝之始也；立身行道，扬名于后世，孝之终也"（《孝经开宗明义章》）。在孔子看来，生命是父母所赐予的，想要尽孝道，就要从保护自己的身体开始，保护好身体的完整才是孝的基础。虽然身体是父母所给，但即便是父母也不能随意夺取孩子的性命，《韩诗外传》《孔子家语六本》等都记载着"曾子耘瓜"的故事。故事是讲，曾晢和曾参是父子俩，他们是孔子的学生，有次父子俩在耕地时，曾参错把瓜苗锄掉了，因为家境并不富裕，所以父亲曾晳很是生气，拿起棍子就开始打他的背，曾参立刻被打晕了，很长时间才醒过来，醒后他对父亲赔礼道："刚才儿子冒犯了父亲大人，大人用力教训我，没有受伤吧？"后来孔子知道这件事后，十分生气，并告诉身边弟子"不要让曾参进来"。但曾参认为自己并无过错，请求拜见孔子，孔子见他后，斥责他"你没有听说吗？从前瞽瞍有个儿子叫舜，舜这样侍奉瞽瞍，瞽瞍想使唤他时，他没有不在身边的；但要找来杀他时，却怎么也找不到。用小棍打他时，他就挨着；用大棍打他时，他就趁机逃走。这样瞽瞍才没有犯下不行父道的罪，而舜也没有失去尽孝的机会。而你现在侍奉父亲，父亲暴怒时却打死也不躲避，如果你死了，就是陷你父亲于不义，这难道不是最大的不孝之过吗？"曾参听后说，深知自己犯了大错，于是向孔子谢罪。从这个故事我们可以看出，孔子非常爱惜生命，并且反对愚孝，若是父亲生气失去理智之时，把儿子打伤打残，甚至打死，等父亲醒悟过来之后，早已追悔莫及。所以成为孝子，最根本、最基础的是能够保护好自己的身体，珍惜爱护自己。若是孔子在当今社会，一定会无条件反对那些自杀的人，因为这都是大不孝之表现，孔子认为的孝子是要保护生命的存在，保证身体的完整的人，才能尽孝道。

4. 爱人

樊迟问仁，孔子回答："爱人。"爱人是以爱己之心待人，充满感情地肯定对方生命的价值，珍爱他人的生命，就如同珍爱自己的生命一样。同时孔子反对殉葬，无论是活人殉葬还是用俑殉葬，他认为"始作俑者，其无后乎，唯其像人而用之"（《孟子·梁惠王上》）。孔子认为，人有生存的权利和自己的尊严，怎么能够用来殉葬呢？发明这种方法的人会断子绝孙的，用俑替代人来殉葬也是不人道的。同样，爱人的观点也存在于孔子的政治观点，季康子问政于孔子曰："如杀无道，以就有道，何如？"孔子对曰："子为政，焉用杀？子欲善而民善矣。君子之德风，小人之德草，草上之风，必偃。"（《论语·颜渊》）孔子主张实施仁政，反对君主随意行使生杀大权，若君主不能以身作则带头行善，不能起到教化的作用，就不应该只问责到百姓，如果君主从自身做起，带头行善，百姓自然也会跟着向善，那怎么还需要杀人？所以，孔子极力主张仁政，爱护人民。仁者爱人，显现爱护人的生命的观念。可见，对其他生命的关怀，去关爱生命也是儒家生命道德观中极力倡导的一个观点。

孟子仍继续发扬了儒家关爱生命的思想，主要体现在其"仁政"学说上。从孟子所言"仁政"的具体内容来看，主要关注人民的生计冷暖，力图使人民丰衣足食，安居乐业，充分享受人生的天伦之乐与生命的欢悦。孟子更把春秋以来的战争斥责为不义之战，梁襄王曾问孟子什么人能够统一天下，孟子回答："不嗜杀人者能一之。"面对频繁的战争和大量的杀戮，孟子出于对人类生命的关爱，提出了"仁者无敌"，以仁来统一天下的主张，对那些好战、穷兵黩武的人进行了强烈的谴责。此外，孟子还提出了"正命"思想来归导人的生命观。孟子认为在行道、尽道的过程中死亡是人的正命，但是那些并没有因为尽道而死亡，却由于自己的疏忽，用自己的生命去冒险做些无谓的事情而导致丧命，这些人的死亡就是"非命"。可见，儒家思想对身体的珍视、对生命的保护格外重视。

（二）道家

在老子看来，人的生命有自然生命和超越生命，他否认人的社会生命。他认为构成自然生命的载体是人的身体，"自然生命"是自给自足的，是满足人基本的自然属性与自然欲望的纯粹的生命形态，它从不过分奢求各种欲望，生命存在就是本真的状态。老子认为，自然生命是很脆弱的："人之生也柔弱，其死也坚强。万物草木之生也柔脆，其死也枯槁。故坚强者死之徒，柔弱者生之徒"（《道德经》第七十六章）。人在出生时是柔弱的，年长之后，筋骨柔韧并且坚强，但这却是在向死亡靠近。万物草木在初生时也是柔弱脆弱的，在死的时候也变得干枯，所以说，刚强者是走向死亡的征兆，柔弱者是走向生长繁荣、生命力的象征。天地万物最柔弱的就是水了，水虽柔弱却"而攻坚强者莫之能胜"（《道德经》第七十八章）。所以，对自然生命的守护，必须坚守"柔弱处上"这个原则，保持了生命的这份柔弱，也就保持了生命的这份活力（郭瑞科，2008）。①

1. 重身贵生

老子认为生命存在的价值是生命作为自然存在本身是有价值的，这

---

① 郭瑞科：《〈老子〉生命哲学探析》，硕士学位论文，华侨大学，2008年。

种价值是只有生命体才具有的。在生命的存在价值中，"身"代表了生命的重要组成部分，甚至整个生命，老子对"身"的重视实际上反映了他对生命的重视。"圣人忧虑天下，莫贵于生"（《吕氏春秋》），表达了老子重身贵生的思想。"名与身孰亲？身与货孰多？得与亡孰病？甚爱必大费；多藏必厚亡。故知足不辱，知止不殆，可以长久。"（《道德经》第四十四章）生命和名望哪个比较重要？生命与财物哪个比较重要？失去生命和获得名利哪个结果比较坏呢？让人越喜爱的东西，就要付出更多才能得到它，最亲近自己的东西却总是忽视，触手可及的生命才是自己最值得珍惜的东西；珍贵的财物往往都是附属品，就算失去了，也可以重新获得，而生命失去了却是永远都无法再得到了。因此，身外之物对于生命而言都是微不足道的，如果它们可能对自己产生威胁或伤害，那就舍弃它们，生命才是最贵重的，老子肯定了身体的重要性。"名，为恶无近刑，缘督以为经，可以保身，可以全生，可以尽年。"

"自然生命"的存在不仅有实体形态"身"，还有存在的状态"生"。"身"是生命具有的固体静态的结构，而"生"则是它动态变化的过程。生命真正的统一必须是动态过程与静态结构相统一的，两者缺一都不能被称为生命。在《老子》中"生"有 38 处，其中用作"生命""生活""活着"之义的有 16 例（李霞，2004）。[①]"益生曰祥。"（《道德经》第五十五章）这里理解为增益生命的行为被称为不祥。因为生可养，不可益。只有按客观需要来满足自身的各项生理机能才是养生，若超出了客观需求就称为"益"。老子曰："物或益之而损，或损之而益"，因此"益生"往往会产生受损的结果。任何事物都有固有的属性，强行改变，难免会适得其反。老子还说"民之轻死，以其上求生之厚，是以轻死。夫虽无以生为者，是贤于贵生"（《道德经》第七十五章）。说明老子重生、爱生、珍惜生的状态。老子曰："贵以身为天下，若可以寄天下；爱以身为天下，若可以托天下"（《道德经》第十三章）。庄子讲："夫天下至重也，而不以害其生，又况他物乎？唯无以天下为者，可以托天下。"故曰："道之真以治身，其绪余以为国家，

---

① 李霞：《生死智慧——道家生命观研究》，人民出版社 2004 年版。

其土苴以治天下"（《让王》）。这些说明他们想要建立以人为中心的政治组织，并且认为只有重身贵生之人才能担以大任。

庄子继承了老子重身贵生的思想，对人类生命价值的肯定反映在其"天地与我并生"的思想中。庄子认为人并不比天渺小，人的地位并不比天低微。人同万物相比，更有其特定的价值。这种价值应是指人的生命存在本身的价值，而不是指人与物比较中的实用价值。最能反映庄子这种生命价值观的是他对残疾者的赞美，在庄子看来，残疾者也是一种生命存在，从其与健全者同为生命存在这一点来说，两者没有什么区别，都有其各自的价值。为了突出残疾者的生命价值，庄子有意识地赋予这些人以完美的精神和旺盛的生命力。可见庄子的天人平等、物我同生思想同老子的"四大"思想一样，都高扬了人类的生命价值。庄子对个体的生命价值极为重视，认为生命的价值高于一切名声、利禄、珠宝，乃至天下。"夫天下至重也，而不以害其身，又况他物乎！"天下大位是贵重的，而（子州支父）不以大位来伤害自己的身体，何况其他的事呢？此外，庄子在《让王》篇中，一口气讲了十五个寓言故事来阐述以生命为贵、以名利为轻的重生思想，呼吁人们要爱惜生命。"今世俗之君子，多舍身弃生以殉物，岂不悲哉。"可见，他对当时普遍存在的重物轻生的人性异化现象甚为不满，他认为这种以身殉物，为追求各自的目标而不惜牺牲生命的人生价值取向是极不可取的，因为这些做法"以物易性"丧失了人之为人的根本。"人无生命，无又何用?"庄子对个体生命价值的重视还反映在他的保身、全生、尽年等主张中。庄子认为，每个人都有其天然的生命时限，即"天年"，只有享尽"天年"，走完应有的生命历程，才是符合自然之道的。所以庄子是反对自杀的，他主张人应该努力活够大自然赋予的生命时限，避免早夭。庄子曾对人类中夭折者深表惋惜，并设计了种种养生保命的方案，"为善无近名，为恶无近刑，缘督以为经，可以保身，可以全生，可以尽年"。

2. 生命的独立性

老子认为"道"就是生命的本质，是世界的本质，是存在的第一要义，"道"是生生不息的生命力的代表。而如何对待生命呢？老子也用"道"给出了解释，"道生一，一生二，二生三，三生万物。万物负阴而抱阳，冲气以为和"（《道德经》第四十二章）。阴阳之道指出生命内部是由这两种力量相互调和转化，以达到平衡，它是生命过程的钥匙，也是生命力的来源。同时，老子认为生命具有独立性。老子说："道生之，德畜之，物形之，势成之。是以万物莫不尊道而贵德。道之尊，德之贵，夫莫之命而常自然"（《道德经》第五十一章）。"故天大，地大，人亦大。域中有四大，而人居其一焉。人法地，地法天，天法道，道法自然"（《道德经》第二十五章）。老子提出"道"的概念，并以"自然"诠释"道"，认为生命的出现、生长和消亡是自然而然的过程，把生命从神那里独立了出来并赋予其尊贵地位。老子又说："我无为而民自化，我好静而民自正，我无事而民自富，我无欲而民自朴"（《道德经》第五十七章）。在这里老子试图通过君主的"无为而治"，把人们从社会的异化中独立出来，即生命不从属于任何人，而完全属于我自己，我有权自由安排自己的生活。老子还说"不尚贤，使民不争；不贵难得之货，使民不为盗；不见可欲，使民心不乱"（《道德经》第三章）。老子在这里则认为人的生命应该从过度的物质追求和感官享受中解脱出来，独立出来。而要实现这些独立，就必须依赖对"道"的信仰、追求并且付诸实践。

3. 重养生

道家注重养生，达到身心和谐（李芳，2014）。[①] 庄子面对生命历程中的苦难，既不求畏惧，也不愤怒，以乐观达然的态度关注人的生命，让人的生命顺应"道"的规律自然运行。庄子认为生命是"道"的外在表现形式，生命是"道"的载体，生命是珍贵的。要体现"道"的规律，就必须珍惜生命，注重养生。养生的关键在于与自然相和谐。庄子认为，由于每个人的先天条件不同，对于"道"的理解和生命的理解不同，导致了养生有三个层次。第一个层次是"养形"，这是最低层次，即肉体的养生；第二个层次是"养神"；第三个层次是"形神兼备"，这是养生的最高层次，即精神与肉体融合，让精神守护着形体，保持精神的宁静，形体也会健康。庄子主张"人相造乎道"（《大宗师》），即人的生存在于"道"，在于符合自然规律。人的生命过程是认识自然规律、与自然规律相和谐统一的过程，庄子认为："阴阳和谐

① 李芳：《我国高等学校学生生命观教育研究》，硕士学位论文，东北师范大学，2014 年。

则无疾，内外和谐则无惑。"因此，要顺应自然、达观乐处，以求达到身心和谐。人才能获得精神上的超越和自由。生命和谐的基本方法是保持"心斋"、"坐忘"的心理状态。即要豁达大度，持宽容精神，保持淡泊和宁静的心境，不为物累，不为己悲，得不喜，失不忧。当人们真正悟"道"时，人的生命和心灵也获得了自由。庄子认为人的美丑、生死、存灭都不重要，重要的是人的精神能否与"道"同一。生命是有限的，"道"却是无限的。只要心中存"道"，精神充实，就可以化丑为美。因此，庄子所追求的生命态度是超越世俗的。

4. 超然的生死观

道家主张要乐观地面对生与死，不必惧怕死亡（李芳，2014）。[1]人的生死有如自然界的春夏秋冬一样自然；庄子在《庄子·知北游》中提到，"生也死之徒，死也生之始"，"人之生，气之聚也，聚则为生，散则为死。若死生为徒，吾又何患，故万物一也"。在《庄子·德充符》中说"死生、存亡、穷达、富贵、贤不肖、毁誉、饥渴、寒暑、是事之变，命之行也"。"命"是支配一切的超自然力量，因此，包括死生、存亡等自然和社会现象在内的万事万物都是人力无法改变的。出世就是生，入地就是死，这一切不过是自然而然的变化，不仅是人有生死，万事万物都有生死的变化，"万物将自化"，人也应该顺应这普遍的自然而然的变化了。庄子特别重视命，认为命无运命和天命的区别，它是和"德""性"同一范围的东西，把"德"在具体化中所显露出来的各种人生中的不同现象称为"命"。他认为"死生，命也。其有夜旦之常，天也"。因此道家认为人不应惧怕死亡。

庄子认为用不着对死亡有什么悲戚之感，既然生与死都是一回事，又何必自寻烦恼、不能自拔呢？他认为"哀死"是多余的感情浪费，对"死"他持有现实主义超然态度，故在其妻死时鼓盆而歌，《庄子·至乐》记载："庄子妻死，惠子吊之，庄子则方箕踞鼓盆而歌。"惠子曰："与人居，长子，老身，死不哭亦足矣，又鼓盆而歌，不亦甚乎。"庄子曰："不然。是其始死也，我独何能无慨，然察其始而本无生；非徒无生也而本无形，非徒无形也而本无气。杂乎芒芴之间，变而有气，

气变而有形，形变而有生。今又变而之死。是相与为春秋冬夏四时行也。人且偃然，寝于巨室，而我嗷嗷然随而哭之，自以为不通乎命，故止也。"在《庄子·列御寇》中其弟子准备为他隆重厚葬，庄子却说："吾以天地为棺椁，以日月为连壁，星辰为珠玑，万物为赍送。吾葬具岂不备邪？何以如此？"他认为死"虽南面王乐，不能过也"，即比国王还快乐。可见庄子对待死非常乐观，他追求能超越生死的"真人"，《庄子·大宗师第六》记载："古之真人，不知说生，不知恶死，其出不欣，其入不距；悠然而往，悠然而来而已矣。不忘其所始，不求其所终。受而喜之，忘而复之……"

因此，道家主张通过"道"的引导使个体生命的精神、灵魂超越于世俗繁杂的束缚和肉体生命的生死限制，进而达到在与天地宇宙的沟通和感悟中体验生命的快乐（潘玉芹，2007）。[①]

（三）佛家

1. 重生

佛教认为获得人身不易，所以要珍爱生命，要保护自然生命（陈红，2013）。[②] 自然生命就是肉体生命，是五蕴中的色蕴，在《大藏经》中，"云何色蕴？谓四大种及四大种所造诸色"。所谓"四大"是指组合物体的四种元素：地、水、火、风。宇宙世间的山河大地、房屋、器皿、花草树木等森罗万象，无一不是仰赖这四种元素组合而成，甚至人的色身也是四大和合而成。佛教认为人所以能生存，就是因为地、水、火、风四大和合；若是四大不调，人就会呈现病相；若是四大分散，人就会死亡。佛教五戒：不杀生、不偷盗、不邪淫、不妄语、不饮酒。将不杀生列在第一条，可见佛教对于生命的重视。方立天（2002）认为在佛教中"杀生"被认为是最大的罪过，要堕入地狱。佛教强烈地反对"杀生"，突出地表现了佛教尊重生命。[③]《维摩诘所说经》也有说"身无常，不说厌离于身"，其意思是说身体虽是无常的，但不教他厌离这个身体。爱护身体，保证身体结构健康、完具是佛教爱生、惜生的体现。

---

① 潘玉芹：《当代大学生生命道德教育研究》，硕士学位论文，南京林业大学，2007 年。
② 陈红：《佛教视域中人的生命层次观》，《江苏科技大学学报》2013 年第 4 期。
③ 方立天：《中国佛教直觉思维的历史演变》，《哲学研究》2002 年第 1 期。

佛教很重视人的身体健康。人生活在这个世界上会遭遇各种肉体病苦和精神痛苦的折磨，佛教认为人生的过程是痛苦的无常过程（李芳，2014）。① 佛教认为人生的苦难具体有八种，即"生苦、老苦、病苦、死苦、怨憎会苦、爱别离苦、所求不得苦、五盛阴苦"，可以分为内外两个方面，生、老、病、死等与身体有关的是内苦，人们面对的世间现象是外苦。病苦是八苦之一，帮助众生解脱病苦是佛和菩萨所关注并努力实践的事情之一。佛教中有一个药师菩萨发愿帮助众生解脱病苦，尤其是身体上的各种恶疾。可见，佛家重视保护人的自然生命。

2. 众生平等观

佛教用"缘起"解释世间万物的生起与变化（陈红，2013）。② "缘"就是条件，"起"是生成或产生，"缘起"就是依条件而产生。因缘是直接条件和间接条件的集合，所以事物的生成与破灭就是各种条件的聚集与离散。在《大藏经》中才有"此有故彼有，此生故彼生，此无故彼无，此灭故彼灭"。是佛教缘起思想的经典表述。既然世间万事万物因缘起而生，缘离而灭，所以众生平等。只要有幸身为世间万物之一，就不存在高低贵贱之别，大家都有平等生存和发展的权利。佛教关注所有的生命，所有的无情生命和有情生命在生命本质上都是平等的，其生命形式即可以上升、进步，也可以下降、堕落，既可以生也可以灭。而现实世界中以阶级、地域和等级秩序等限定众生生存和发展的做法是狭隘的，是不可取的。人类中心论、种族歧视论、出身论等也都是荒谬的。

3. 同体大悲思想

佛教要求对自己有利，也对他人有利，认为自己与他人并不是相互对立的，而是相互融合的（陈红，2013）。③ 爱护自己的同时，也应爱护他人；度脱自己的同时，也应度脱他人。个体只有在众生的解脱中才能得到解脱。这体现的就是佛教的同体大悲思想。《维摩诘所说经》说："从痴有爱，则我病生，以一切众生病，是故我病，若一切众生病

---

① 李芳：《我国高等学校学生生命观教育研究》，硕士学位论文，东北师范大学，2014 年。

② 陈红：《佛教视域中人的生命层次观》，《江苏科技大学学报》2013 年第 4 期。

③ 同上。

灭，则我病灭。"因为痴、爱，人就会生病，这个病人又会影响他人和整个环境，形成恶性循环。若众生病好了，则个体也病愈，形成良性循环。这是一种系统观的思想，说明世界上一切存在物实际上都是息息相关的，损人就是损自己，爱人就是爱自己。

佛家提倡积极入世的全心全意普渡众生的实践精神。在《大藏经》中提到，"资财无量摄诸贫民。奉戒清净摄诸毁禁。以忍调行摄诸恚怒。以大精进摄诸懈怠。一心禅寂摄诸乱意。以决定慧摄诸无智"。按照大乘佛教的观点，人人都有可能达到这种超越的觉悟境界，但不是人人都能取得这样的境界。它是人与自然合一而产生的一种灵性，灵性是人类超越自身的过程。对于人道主义者来说，灵性是与他人相处的自我超越体验。对于某些人而言，它是与自然或宇宙和谐或同一的体验，它引导我们进入一个王国，在那儿我们可以体验到与某种大于自身事物的联合，并由此找到自己最大的安宁。可见，一个处于智慧生命境界的人会表现出对整个人类的同情和怜悯，表现出对人类命运和趋向的关注。在他心里，你我他的个体浑然无别，作为个体的人和整个人类群体融为一体。个体的人的自我意识和心理与宇宙精神达到了一种认同和自觉后，便在心理上形成了与外在和谐圆满的氛围，这就是大同世界。

4. 生死轮回观

佛教有"十二因缘"说，即"无明、行、识、名色、六处、触、受、爱、取、有、生、老死"十二个部分，整个生命就像一根链条一样，十二个部分就是十二个环节，如果离开了哪一个环节，生命就不能构成，所以人无非就是此十二个环节的结果而已，佛教修行的最终目标即是摆脱所谓"十二因缘"的束缚。从佛陀的亲身体验表明，解脱要从这十二个环节解套入手，从无明悟到无我，从爱、取、有斩断而不再生、老死，这是两个重要的环节，由此达到解脱生死。佛教生命观认为，宇宙万物都是假的、空的、无的、不真实的，它如同水中月、镜中花、梦中景一样，因缘是事物产生变化消亡的条件，认为诸法无常，永无常驻，万事万物都是历史的一瞬间，人也是如此，生死相继，永无止息。

由此可知，生死不能避免，但是却可以转化，最终跳出轮回。死亡对于佛家来说，是一种人生苦难的解脱。佛教认定"死"是人在"天、人、阿修罗、地狱、畜生、饿鬼"间轮回的中介,世俗之人都有无数的生与死,这种无穷无尽的生死轮回使人陷入了人生的苦难。人只有通过死才能达到涅槃境界,只有通过这个环节,人才可以摆脱痛苦。佛教指出人们每一生死轮回的状态都不一样,修善才可得福,要想来世生活得好而不受罪就必须行善积德。佛教的普渡众生就是使一切众生从生死流转的苦海中解脱出来,它抓住了所有人必然面临的生老病死问题,从而使不同民族、不同肤色的人产生共鸣,得以在全世界传播。把握生死,就是让生命保持在正确的人生观里,首先升华到更高的层次,意识到生生死死的存在,坦然对待,主动把握,将生与死进行转换,从而获得涅槃解脱的自由之路(李芳,2014)。①

总之,在中国传统无论是儒家、道家、佛家都强调尊重生命、珍爱生命,同时还注重人道德精神方面的升华,这些传统哲学的生命观点不仅对当时人们的生命进行指引,还对后世的道德观、生死观、教育观等有着不可磨灭的影响,也正是这些宝贵的思想财富使得中华文明生生不息,孕育出一代又一代自强不息的中华儿女。

二　中国近代的生命道德观

近代以来,西方"民主科学"思想传入中国,随着维新运动的推陈出新,对生命自由之关注,取得了很大的进步。蔡元培、陶行知以及陈鹤琴等教育家纷纷主张个体生命的自由发展,下面是他们的思想观点(彭舸珺,2013)。②

(一)蔡元培的生命道德观

蔡元培认为可以通过"自由个性的教育"这一途径,去培养学生"完整的人格"。1912年,蔡元培发表系列文章,指出教育"应当从受教育者本体上着想,""以养成共和国民健全之人格",达到造就"公民"的目的。要培养"健全的人格",必须在"共和精神"的指导下,接受五个方面的教育:即军国民教育、实利主义教育、公民道德教育、

---

① 李芳:《我国高等学校学生生命观教育研究》,硕士学位论文,东北师范大学,2014年。

② 彭舸珺:《当代社会生命道德教育研究》,硕士学位论文,兰州大学,2013年。

世界观教育和美育才能完成（虞萍，2008）。① 蔡元培（1989）还主张发展人的个性，崇尚自然。他说："教育是帮助被教育的人，给他能发展自己的能力，完成他的人格，于人类文化上能尽一分子的责任；不是把被教育的人，造成一种特别的器具，给抱有他种目的的人去应用的。"他反对"注入式"的教学方法，提倡以个体积极的行动来显现其作为生命个体存在的价值与尊严，要有"自学""自助"的精神，使学生的个性和才能得到充分发展。②

（二）陶行知的生命教育思想

近代教育家陶行知先生扬弃和借鉴了杜威的教育思想，提出"生活教育"的理论，他（1989）认为："从定义上说，生活教育是给生活以教育，用生活来教育，为生活向前向上的需要而教育。"③ 主张以人为本，用生命理解教育，在社会生活、在自然中实施教育。在他看来，生命的尊严是至高无上的，应该从以人为本的理念出发，重视个体生命道德教育。爱是陶行知毕生事业的灵魂。他说："你的冷眼里有牛顿，你的歧视里有瓦特，你的讥讽里有爱因斯坦。为人师者首先要爱自己的学生，爱他们的优点，也爱他们的缺点，亲近他们。少一点审查责备的目光，多一些欣赏鼓励的热情，帮助他们在成功和失败的体验中不断努力，这种教育至关重要。"他以语言和行动诠释了什么是真正的爱（虞萍，2008）。④

（三）陈鹤琴的生命道德观

陈鹤琴（1992）提出了"活教育"理论。⑤ 他主张，教育要关注生活，紧密联系自然与社会，不可一味地沉迷于书本知识，批判教师"死教书、教死书"；学生"死读书、读死书"的现状，他说："教死书，死教书，教书死。读死书，死读书，读书死。"这两句话，是陶行知先生在10年前描写中国教育腐化的情形。这种死气沉沉的教育到今天恐怕还是如此，或许更糟糕一些。我们应当怎样使这种腐化的教育，变成

---

① 虞萍：《中西方生命道德教育比较》，硕士学位论文，南京林业大学，2008年。
② 蔡元培：《教育独立议》，载《蔡元培全集》，中华书局1989年版，第177页。
③ 陶行知：《谈生活教育》，载《陶行知全集》，中华书局1989年版，第476页。
④ 虞萍：《中西方生命道德教育比较》，硕士学位论文，南京林业大学，2008年。
⑤ 陈鹤琴：《小学教师发刊词》，载《陈鹤琴全集》，江苏教育出版社1992年版，第314页。

前进的、自动的、活泼的、有生气的教育？我们怎样使教师教活书、活教书、教书活？我们怎样使儿童读活书、活读书、读书活？这个问题实在很重要！这个使命，实在很重大！真正的知识是在生活中发现和获得的。

有人曾经作过这样的比喻，如果把中国古代教育思想的发展比作源远流长的长江大河，那么，中国近代教育思想的发展就好像奔突于崇山峻岭之中的急流。前者流势平缓，浩浩荡荡，凝重深厚；后者流势湍急，跌宕起伏，变化万千（田正平，1990）[①]。这些教育思潮有的转瞬即逝，有的至今仍然还存在着巨大的影响。

第三节　西方文化下的生命道德观

西方哲学自古希腊时期就开始了对生命的关注与思考，有很长的历史，积累了丰厚的思想盛宴，为生命道德研究打下坚实的哲学基础。

一　古希腊时期

（一）毕达哥拉斯

在古希腊时代，人们对自身是非常关注的，他们追求自我的价值，并且认为生活的幸福且有意义是非常重要的。毕达哥拉斯最早明确主张重视人的生命，要关切人的生命思想，倡导"生命和谐"，在这世间，唯有生命最宝贵，且所有生命都是平等的。他主张"一切生物都有共同的灵魂，灵魂是不朽的，人需要净化自己的灵魂"。他认为出现杀生是不对的，杀生和杀人没有区别，只不过形式不同而已。他指出："和谐即是善，反之即是恶。"他认为，"美德乃是一种和谐，正如健康、全善和神一样，所以一切都是和谐的，友谊是一种和谐的平等"。毕达哥拉斯最早对人和其他生命的关注，对希腊思想的发展产生深远的影响（彭舸珺，2013）[②]。

（二）苏格拉底

古希腊时期另一位伟大的哲学家苏格拉底也非常重视对自己生命意

---

① 田正平：《中国近代教育思想散论》，《教育研究》1990 年第 4 期。

② 彭舸珺：《当代社会生命道德教育研究》，硕士学位论文，兰州大学，2013 年。

义的思考，关注个体对自身的反思，提出人们要认识自己，要做自己的主人。他认为真正有意义、有价值的生命在于道德上的"善"。一个人的生命光辉在大多数情况下是由于道德的高尚带来的。在人的生命当中有许多道德方面，而这些道德方面是决定一个人的生命有无价值和价值大小的重要因素。苏格拉底还强调人要不断反思自己的生命，他说："未经思考过的生活不值得活""思本身即是最高之生命。"强调的就是人要对自己的人生、自己的生命不断地进行反思，以寻求生命的意义和生活的价值。如果一个人不对自己的生活、生命进行反思，而是浑浑噩噩、得过且过地混日子，那么他的人生就是悲哀的，他的生命就失去了自身的光彩。此外，苏格拉底对生死问题也提出自己独特的见解，他对个体的自杀行为持明确的反对态度，因为自杀有悖于个体自我的意志，做自己的主人。而苏格拉底本人最终选择了死亡这条道路，其勇敢地走向死亡的行为向世人昭示了生命的价值在于维护真理。苏格拉底则认为：人之所以为人，是因为人不仅有感觉和欲望，而且有灵魂和思想，心灵和理性是人之所以为人的根据。坚信死亡是一件好事，是一种永恒的安息，是由地面走向天堂的必经之路，因此在被人控告时，他说："我不肯背义而屈服于任何人，我不怕死，宁死不屈！"苏格拉底认为人生的目的就是要通过教育和实践来了解人，了解人在宇宙中的地位，了解做人的道理。人有了知识，他就能懂得如何做人，知道了做人的道理，就算走上了"自我实现"的道路。

（三）柏拉图

苏格拉底的弟子柏拉图继承和发扬了苏格拉底的生命思想，并对人的生命予以肉体和灵魂的划分，灵魂由理智、激情和欲望三部分组成。理智起领导作用，激情和欲望服从而不违反它，灵魂能够自己主宰自己，这样的人便是正义的人。柏拉图非常重视教育在人的生命发展过程中的作用，他认为教育是知识达到生命的最高状态的唯一方式，"只有整个的人性已经发展了，那时才有和洽的心灵，始有良善的人，始有完善的国家。理想国的实现、道德的完成、人性的发展，完全依赖适当的教育"。柏拉图对于生命发展和教育的思想和见解，在西方教育发展史上的影响是非常深远的。但是柏拉图"把人的生命与生活中一切美好的属性，把从经验事物与主观感受中抽象出来的一般规定性，与人的感性的存在分离开来，使其成为独立而绝对的理念"。以抽象的理念代替感性的生命，这是一种形而上学的生命观。

（四）亚里士多德

亚里士多德作为古希腊思想的集大成者，其理论是以生命为中心的。他首先追问的一个问题："人是什么？""人是有理性的动物。"亚里士多德指出了人类生命与其他生命的区别在于人具有理性，是人之生命独有的特点。在生命发展上，亚里士多德首次提出生命的自然发展和强调生命的自由发展。"幸福是生命的自然目的，也是最高的善。""生命本身就是美好的、宝贵的，活着，好好地活着并感受之，这本身就是我们的存在，就是人的最高幸福。"从上述亚里士多德的理论当中，我们可以看出，他的思想是以人为中心的，为人的生命本身在现实生活中的价值生存提供合理性和可能性的论证。在追问人的最终目的——幸福的过程当中，可以看到亚里士多德对人的生命的珍惜。

二　近代时期

生命观的发展经历了黑暗的中世纪，这个时期的生命价值观是上帝取向的，宗教对人的生活和精神实现了全面的控制，强调上帝和神的整体性和无限性，彻底否定人的自然本性和个体生命的自主性。人一出生就带有"原罪"，所以人必须要弃恶扬善，减少自己的欲望，过禁欲式的生活。人需要修道，清除邪念以求清心寡欲，这种否定人、强调神的生命观一直持续到文艺复兴。进入文艺复兴时期，思想家们反对神权，肯定人的价值，人的生命、价值和尊严得到空前的重视，宣扬生命自由和个性解放，以人为核心的人本主义盛行。文艺复兴开启了西方人文主义的传统，以人本代替神本，抬高人的地位，贬低神的地位，通过提倡对人的研究来对抗神，用人道对抗神道，确定了人在世界中的中心地位。人是一切的出发点和归宿，肯定人的个性自由，承认个人的生命具有成为一切的可能性，具有无限变化的创造能力，可以在一个无限变化的过程中不断创造新的东西。总的来说，人文主义最重视的是人的利益，最珍爱的是人的生命，最崇尚的是人的自由（褚惠萍，2014）。[1]

① 褚惠萍：《当代大学生生命教育研究》，硕士学位论文，南京师范大学，2014 年。

文艺复兴后，产生了很多思想巨人，从帕斯卡、卢梭到尼采，他们都以一种明澈、质朴、自然的思路来探讨人的生命问题。

（一）帕斯卡

帕斯卡从人们心灵最深处的困惑和不安出发，开始从根本上思考人的生命本质问题。他在《思想录》中说人之为人，就在于人能够对自己的生命进行思考，人能够对自己的生命进行追问。"人的尊严就是思想"，"人显然是为了思想而生的"，他要求人要活得清楚、活得明白。"活着却不知人是什么，这真是糊涂的不可思议"，"如果有人对丧失自己的生存、对沦于永恒悲惨的危险竟漠不关心，那就根本不是自然的了"。所以，他要求人要对自己的生命进行思考、进行追问，他认为人最不堪忍受的就是空闲和无聊，因为人在这种情况下就会无所事事、无所用心，就会对自己的生活没有热爱，对自己的生命没有激情、没有冲动，而在他的灵魂深处就会出现无聊、阴沉、悲哀、忧伤、烦恼和绝望，他就会找不到生活的目标，找不到自己的位置，进而就会不珍惜自己的生命，就会走向堕落。帕斯卡总是强调人生存是为了思考，为了对生命进行追问。他对人类最本质的问题进行发问"我们从何处来？要向何处去？我们是什么？"

（二）卢梭

法国伟大的思想家卢梭则从自然主义思想出发，强调要对人的生命进行自然的对待，要把人的天性归还给人，要尽力把人真正成为人的可能性发掘出来，展示在世人面前。为了实现他的这一思想，卢梭（2014）特别重视教育，并写出了对后世产生重大影响的著名教育著作《爱弥儿》。① 他认为教育伦理的核心思想就是引导和促进儿童自身已有的善良天性能够得到良好的发展，并使他成为自由的人，使他们从自身出发而生活和行动，使他们能够按照自己的能力掌握他们所碰到的一切，学会保护自己的生命，完善自己的生命。所以他强调说："人们想要保全孩子的生命，这是不够的，他必须接受教育怎样在他成长后保护自己的生命，经得起命运的打击……应着重在教他怎样生活而不是重在避死；生命并不只是一口气，而是在于活动，在于使用我们的感觉、心

---

① ［法］卢梭：《爱弥儿》，彭正梅译，上海人民出版社2014年版。

思、能力以及使我们觉察到自己存在的各部分机能。"由此可见，卢梭是近代较早提出对生命进行教育的教育家。在他之后，人的生命的价值、情感、体验才逐渐在教育领域中显露出来。卢梭在《爱弥儿》中提倡自然和自由教育，对后世产生了巨大的影响。

（三）尼采

尼采在喊出"上帝死了"之后，他提议重估所有的价值，要充分实现人的价值，发现生命的意义。他充分重视和肯定人在现实生活中生命的价值。超越彼岸的世界是不存在的，而此岸中鲜活的生命世界更值得重视。海德格尔则从人的本真生存的角度一再强调生命"向死而生"的意义，与苏格拉底说的反思生命相似，要让人们清楚地知晓生存是"向死而生"的，这样才会更珍惜生命。面对这种向死而生的命运，他主张人要采取本身生存的态度，要清醒地知道自己的生存是"向死而生"，这是一种值得一活的生存。只有人们能意识到自己生命的存在，人才会更加珍惜和看中这种本真的人生，才可能使自己在短暂的生命存活的期限内活出自己的意义和价值，才无愧于自己"活过"。存在主义者同样重视生命本身，人的生命的意义和价值在于对现实生活中人的本真生活的关注和呵护，过上一种真诚的生活。

三　现代时期

（一）史怀泽

除了对人的关注，思想家们也重视其他生命的尊严。对此，法国思想家阿尔贝特·史怀泽（1992）提出以"敬畏生命"为核心的生命伦理思想。[①] 史怀泽在分析了以往人类关于善恶概念的界定后，指出"敬畏生命"理论的最基本内容，是对善恶概念的重新界定。他在《敬畏生命》中提到"善是保持生命，促进生命，使可发展的生命实现其最高价值；恶是毁灭生命，伤害生命，压抑生命的发展。这是必然的、普遍的、绝对的伦理原则"。史怀泽认为，一切生命都有生命意志，每个生命都是应当被敬畏的。敬畏生命的原则不应当仅仅适用于人类，而应当适用于一切生命，人类应当像敬畏自己的生命一样去敬畏所有的生

---

① ［法］阿尔贝特·史怀泽：《敬畏生命》，陈泽环译，上海社会科学院出版社 1992 年版。

命。所以，只涉及人与人关系的伦理学是不完整的，从而也不可能具有充分的伦理功能。所以当人类认为所有的生命，包括人的生命和一切生物的生命都是神圣的时候，他才是伦理的。只有体验到对一切生命负有无限责任的伦理才有思想根据。人与人行为的伦理绝不会独自产生，它产生于对一切生命的普遍行为。从而，人必须要做到的敬畏生命本身就包括所有这些能想象的德行：爱、奉献、同情、同乐和共同追求。我们必须摆脱那些毫无思想的混日子状况。史怀泽还认为，只有从敬畏生命的理论出发，每个人心中才有敬畏生命的信仰，人类才能建立永久的和平。只有以敬畏生命的态度建立与其他生命的联系，人类才能与自然的一切生命建立新的和谐的秩序。史怀泽认为，对生命的敬畏不能只适用于人类，所有生命都是有生命意志的，所以，每个生命都值得敬畏，人类应该敬畏所有生命就如同自己的生命一样。因此，当人类认为人的生命和其他所有生命都是一样神圣，不仅仅只是人与人的关系，还有人与他类生命、他人生命都有关系时，才是完整的伦理学（阿尔贝特·史怀泽，1992）。[①]

（二）马斯洛

现代的人本主义者越加重视人的生命。人本主义是以马斯洛、罗杰斯等人为代表，继承了欧洲的人文主义传统，提倡人的生命自由，强调尊重人的生命和尊严，认为每个人都有自己独一无二的价值，只有"自我"认识充分后才能够实现每个人的潜能，生命才能够得以发展。马斯洛（2007）提出人类的需要层次理论，[②] 强调要对这些生命中非理性欲望、需要的尊重（燕良轼，2009）。[③] 人具有生理需要、安全需要、爱和归属的需要、尊重需要和自我实现的需要，前四个需要是基本需要，自我实现是高级需要，也是发展性需要。生理需要是人们最原始、最基本、最明显的需要，就是对生存的需要。一旦生理需要满足后，就会出现安全需要。爱和归属的需要是指人对于情感的寄托和依赖，包括亲情、友情、爱情、性亲密等群体的归属，每个人都有给予爱和接受爱的

---

① ［法］阿尔贝特·史怀泽：《敬畏生命》，陈泽环译，上海社会科学院出版社 1992 年版。

② ［美］马斯洛：《人类动机理论》，许金声译，中国人民大学出版社 2007 年版。

③ 燕良轼：《人本主义的生命教学观》，《大学教育科学》2009 年第 4 期。

需要。缺乏爱就会抑制成长以及潜力的发展。尊重的需要是指自尊和获得他人尊重的需要，包括自尊、他尊、自信心、成就、独立和自由等。人要学会自尊，也要获得他人的尊重，包括威望、承认、接受、关心、地位、名誉和赏识。自我实现的需要是最高级的需要，是人理想的实现和人生目标实现的需要，表现为创造性和自觉性等。根据马斯洛的理解，自我实现的人是潜能、天资得到充分开发的人，是智力和人格都得到和谐发展的人。自我实现的人是获得最大自由度的人，是根据主体自我选择行动的人，是摒弃了自私和狭隘观念的人，是能够充分发挥创造力的人。生命是有限个体从生到死的体验的总和，体验虽然并不就是生命本身，也并不等于生命活动中的一切经历（经验），但体验是一种直接的生命感性活动，是一种与主体意志、目的、愿望、情感紧密结合的人生的反思方式。马斯洛还强调对生命体验的寻找与追求（燕良轼，2009）。马斯洛把"高峰体验"看成"一种身心融合的、发自内心深处的感受"，在高峰体验状态，"人会产生一种返璞归真或与自然合一的欢乐情绪"。高峰体验是通向自我实现的重要途径，因为自我实现是一个动态发展的过程，迈向自我实现的每一步都有高峰体验的出现。人有使自己趋向于更健康、更道德、更智慧、更美好和更幸福的自我实现的潜能和需要，所以应建立一种"更强调人的潜力之发展，尤其是那种成为一个真正人的潜力；强调满足人的基本需要；强调人向自我实现的发展"的人本主义教育。

（三）罗杰斯

罗杰斯是当代美国著名的人本主义心理学家和教育改革家，他提出人按其本性去生存的生命哲学观（闫守轩，2006）。[①] 他认为人之本性中有先天的动力倾向，这种倾向是决定人类行为的原始的、基本的动机。人有自己的本性，就会顺应自己的本性去生活。不同于行为主义，人的本性不是由环境力量塑造有机体的行为，人的行为既受环境力量的影响，也受自己创造性的影响，具有主体性。罗杰斯在《存在之道》中说："有机体总是在追求，在发动，在完成某事。"他不认为人的基本特性是具有敌意、反社会或邪恶的，相反，人的本性是倾向于创造，

---

① 闫守轩：《罗杰斯"非指导性教学"思想新释：生命哲学的视野》，《南京航空航天大学学报》2006 年第 2 期。

具有建设性，以及需要与其他人建立密切的个人关系的。此外，他认为所有的生命都具有实现趋向，生物要求将其由遗传赋予的潜在的状态充分表达出来，要求将自身所赋有的机能充分发挥出来，而所有这些表达与发挥，从某个特别的角度来看，都是有方向性的、向上的、积极的、建设性的和创造性的。同马斯洛一样，罗杰斯持有的是一种人本主义的生命过程观。人们经常把美好人生定位为一种理想的生活状态或某种境界，吸引人们不断为之努力。然而，罗杰斯通过心理治疗的经验发现，美好人生根本不是一种令人渴慕的理想状态，而是一个过程。人的生命，在最好的状况下，乃是个流动、变化的过程，其中没有什么固定不变的。生命在最丰富而又最有价值的时刻一定是一个流动的过程。总的来说，人性本善，人应按其本性去生存，人具有积极的、向上的、建设性的生命冲动和潜能，在自由的、流动的生命历程中以整全的生命趋向自由、自我实现的生命境界。

罗杰斯强调无条件的积极关怀，对一个人表示欣赏，肯定其价值，喜欢他、爱他，接纳对方的任何感受，且不以对方的某个特点、某个质量或整体的价值为取舍，这时候就经验对对方无条件地积极关注。罗杰斯提倡要做一个完全发挥的人，一个人的人格动力是"自我实现"的倾向，该倾向能够对各种体验敞开心胸，愿意以正面的态度面对所体验的一切，信任自己能够接受生活中的可能性和流变性。每个人都有机会成为真正的自己，罗杰斯鼓励设置一个环境，诱发当事人去思考，并且面对自己真实的感觉、欲求、害怕、焦虑，以建设性的方式去抒发，当人完全成为自己时，他将会善待自己和别人。罗杰斯认为从别人的关怀与尊重中相信自己、实现自己、能够对自己负责，在彼此善待的人际互动中，借由积极关怀来成就对方，并且真实地体验生命过程中的成长，成为一个具有包容性且独立自主的个体。

总之，人本主义教育强调对"自我"的正确认识，并充分实现每个人的潜能，体现了对生命个性的呼唤。

第四节　中西方生命道德观的异同比较

对古今中外的生命道德观梳理后，我们能够深切感受到这么多思想家、哲学家、教育学家对生命给予的充分肯定和极大的关注。先哲们和近现代的思想家们从不同角度对生命道德问题进行过探讨，并形成一系列的理论、观点甚至学派，建构了各自的生命道德观体系。当我们尝试对中外的生命道德观进行系统地比较之后，发现他们既有共同之处，又有差异之处，这些比较有利于我们对哲学领域的生命道德观有一个较为全面而深刻的理解和认识。

相同之处主要表现如下。首先，在时间上，东西方古代哲学家们很早就都十分重视生命道德问题的探讨，如孔子、老子、孟子、庄子、毕达哥拉斯、苏格拉底和亚里士多德等。孔子是生活在公元前 551 年到公元前 479 年前的春秋末期的人，他是中国古代著名的思想家和教育家。毕达哥拉斯是生活在公元前 580 到公元前 490 年的古希腊著名的哲学家和数学家。最早探讨生命道德问题的两个伟大的思想家所处的时代较为接近，且他们的思想观点对后世在该领域思想的发展都产生了深远的影响。其次，无论是中国古代的道家和儒家，还是西方古希腊、近代和现代的思想家们在探讨生命伦理问题时，都提倡要重视生命、珍惜生命，并且不仅要重视人的生命，也要重视其他形式的生命，如中国的道家和西方的卢梭都重视人的自然生命，中国古代的道家和西方近代的阿尔贝特·史怀泽都主张提倡珍惜他类生命，对宇宙中所有的生命怀抱敬畏之心。最后，中西方思想家们在探讨生命问题时都重视与德性问题或善恶问题结合起来共同探讨。孟子在《孟子·离娄下》中提出，"君子所以异于人者，以其存心也。君子以仁存心，以礼存心。仁者爱人，有礼者敬人。爱人者，人恒爱之；敬人者，人恒敬之"。强调要仁者爱人，一个对生命有仁慈之心的人会懂得去关爱他人。佛家的同体大悲思想也强调对其他生命的慈悲。古希腊的苏格拉底也同样指出一个真正有意义、有价值的生命在于道德上的"善"，一个人的生命光辉在大多数情况下是由于道德的高尚带来的。史怀泽的敬畏生命伦理思想不仅强调对其他生命的敬畏，也包含对其他生命的关怀。

由于东西方文化的不同，两者的生命道德观也必然存在一些差异之处（刘淑娜，2007；赵晖，2009）。①② 不同之处主要在于以下几点。首

---

① 刘淑娜：《论道德教育的生命理念》，硕士学位论文，东北师范大学，2007 年。
② 赵晖：《生死观上的人类智慧——中西生死观比较》，《学理论》2009 年第 28 期。

先，中西方对待死亡持不同的态度，一个回避死亡，一个直面死亡。死对于中国人而言，一直是一个比较忌讳的话题，中国人对死亡有着深深的悲哀和恐惧，死就意味着世俗生命之乐的彻底破灭。中国人把死亡当作人世间的一种代价，是对人的一种惩罚，对死亡这种惩罚采取回避的态度。西方正好相反，他们对死亡采取的是一种直面的态度，很多古希腊哲学家把人看作灵魂与肉体生命的结合，灵魂生命纯洁而高尚，肉体生命肮脏而低贱。柏拉图认为灵魂永恒，独立于肉体又赋予肉体以思想和智慧。海德格尔说人是"向死而生"的，在人的生活中，死亡对他是一个不可能的可能性，是一个底线，也是一个目标。就是当人意识到自己会死亡时，他就有了生活的目标，就能对自己的一生加以筹划，有死的人生才是完整的人生，如果没有死的话也就没有什么一生了。其次，思维模式的不同。中国传统道德哲学从一开始就提倡关爱人，具有明显的人文主义色彩，而且古代的先哲们把道德哲学作为安身立命的学问，重视在生活中求证德性，这种思维方式是直觉式、体悟式的，提倡反观自省和体悟洞察。这种内省式的思维模式不同于西方的理性道德思维模式。西方的思维模式具有理性主义传统，求知是人的本性，强调要用理性的方式去理解生命道德，用观察、分析、推理和实证研究的方式来探讨这些问题。这种理性主义的思维方式具有很强的批判性，善于从已有的道德模式进行反思、批判、否定与发展，从而将道德现象和道德问题引向深入的思考方向。最后，德智重视程度不同。中国传统哲学是重德轻智，我国古代先哲们把德性归属于是人的自然性情，倡导道德的人文关怀，重视道德的生活基础，强调从日常生活着手进行道德学习，反对从抽象道德概念去培养德行，而且学习的目的是将知识和经验融入生命，转化为生命内在的德性，实现转智为德。与中国传统的道德至上主义不同，西方是以智含德，西方有自然哲学的传统倾向，把世界作为一个自然的、客观的对象来对待。尽管苏格拉底也重视以反躬自问的方式来认识自己，但还是用知识来界定德性。以至于今天的西方道德心理教育的研究仍将道德作为知识、经验，用实证主义的研究方法来探讨道德问题。因此，中国传统哲学更重德轻智，西方哲学更重智轻德。

　　总地来说，对中西方生命道德观的异同之处进行比较，不难发现两者存在相通之处，同时由于文化背景又存在不少差异之处，两者基于各自的文化背景和传统道德的基础形成各自的生命道德的理论和实践方法都有其合理之处，且双方存在一定的互补性。不难发现，尊重生命、敬畏生命、关怀生命是中西方生命道德观中蕴含的核心思想，是生命道德的本质内涵。在中西方文化不断相互交流和渗透的信息时代里，将两者的优势相结合，如结合当今的社会现实现象，尝试用实证主义的科学方式去验证我们社会文化中的生命道德的一些理论观点，丰富生命道德观的跨学科研究，对当下青少年的生命道德教育理论研究和实践具有十分重要的理论意义和现实意义。

第二章

心理学领域的生命道德

在伦理学领域，古代和近代的伦理学家们对生命道德这一领域进行了大量的理论探讨。然而，在心理学领域，心理学家们对与生命相关的心理和行为问题也充满了兴趣，围绕生命道德这一领域的相关心理问题很早就展开了理论和实证的探讨，如研究者们对生命态度、死亡焦虑、自我超越价值观、生命意义感和敬畏等这些相关问题进行了大量的研究，我们对此将进行一一介绍，这些问题的研究与本研究聚焦的生命道德感既有相同之处，又存在差异。

第一节　生命态度

一　生命态度的概念

态度一直是社会心理学领域的一大研究主题，因为它是有效预测行为的有力因素。态度指个体对特定对象的总的评价和稳定性的反应倾向（阿伦森，2007）。[①] 弗里德曼（1984）认为态度的组成主要包括认知、情感和行为倾向三个成分：认知成分是人们对外界对象的心理印象，包括有关的事实、知识和信念；情感成分是人们对态度对象肯定或否定的评价以及由此引发的情绪情感；行为倾向成分是人们对态度对象所预备采取的反应，具有准备性质，会影响到人们将来对态度对象的反应。[②] 其中，认知成分是基础，规定了态度的对象，态度的对象可以是具体的人、物、事件，也可以是抽象的概念，而情感成分是态度的核心与关

---

① ［美］阿伦森：《社会心理学》，侯玉波等译，中国轻工业出版社2007年版。
② ［美］弗里德曼：《社会心理学》，黑龙江人民出版社1984年版。

键，既影响认知成分，也影响行为倾向成分。

有学者认为生命态度是个体对生命所持有的态度，包括对与生命有关的人、事、物或观念倾向于如何感觉、如何行动的描述，除了行为倾向的意涵之外，同时还牵涉对生命的认知与情感层面的内在架构（弗兰克尔，2003）。[①] 有学者认为生命态度是透过个人对生活中各种关系的体验后，对生活以及生老病死的综合性价值及看法，希望能反映出一个人过去的生命历程与文化洗礼，是属于人存在的灵性层次。个人愿意透过生活中各种关系的体验而自我超越时，便会体会人生的意义与价值，对目前及未来的生活事物感到有意义与目的，更能保持内心的平静，拥有正向的生命态度（刘淑娟，1998）。谢曼盈（2003）在萨特（Sartre）、弗兰克尔（Frankl）、罗洛梅（Rollo May）与罗杰斯（Rogers）等学者对生命态度的基础上，提出将生命态度归纳为生命理想、生命自主、存在感、关怀与爱、对经验的态度、对死亡的态度六个向度。[②] 后来的研究者在此基础上提出不同层面的纬度，如李昱平（2006）指出生命态度是指个人对生命存在的意义、目的以及价值，也包含个人对成长、责任、选择、宽恕、关爱与爱、生活经验及死亡态度等方面的认知、感受及行为倾向。[③] 黄淑芬（2005）指出生命态度是指个人对生活、生、死、生命的综合性价值与看法，是追求生命意义与价值的表现状态，它包括积极负责、感恩关怀、接纳自己、死亡态度四层面。越积极乐观，则对目前及未来的生活事物越感到有意义与目的；越消极悲观，则对目前及未来的生活事物越感到挫败和失落。[④] 李孟榛（2006）则认为生命态度应包含六个层面，分别为："存在感""爱与关怀""死亡态度""理想""生命经验""生命自主"；而面对生命的态度积极正向的人，倾向有值得投入的生活目标、接受自己生命的责任、主导自己的生命、对所置身的世界积极关心、肯定自己存在的意义与价

---

① ［奥地利］弗兰克尔：《追寻生命的意义》，何忠强等译，新华出版社2003年版。

② 谢曼盈：《生命态度量表之发展与建构》，硕士学位论文，慈济大学教育研究所，2003年。

③ 李昱平：《高雄县高级中学学校学生灵性健康与生命态度之相关研究》，硕士学位论文，国立高雄师范大学，2006年。

④ 黄淑芬：《国小高年级学童生命态度与人际关系之相关研究》，硕士学位论文，国立高雄师范大学，2006年。

值、正向地看待死亡并且常用积极的态度看待经验的意义。①

　　尽管不同学者对生命态度的概念界定不同，但总地来说，生命态度就是个体与生命相关的人、事、物或观念所持的态度。生命态度作为态度的具体表现，也包含了态度的三个基本成分，即对生命的认知、关于生命的情感和生命的行为倾向（庞莉，2015；只欣，2012）。其中，生命认知是指对与生命有关的事实、知识、信念、评价等，包括了解生命的起源、掌握生物生命成长的规律，知道生物体与非生物体的区别并能够进行生命判别；如何看待生命历程中的种种正性和负性的经验；对生命的终端——死亡的相关概念的认知，以及在生命过程中遭遇的挫折、死亡、悲伤事件等。生命情感是指在肯定生命或否定生命基础上所产生的对生命的情感体验或情感反应。生命行为倾向是指人在整个生命过程中，面对诸如挫折、死亡、悲伤等事件时，准备采取什么样的方式来面对以及如何进行生活、度过生命。因此，良好的生命态度会促使个体能更好地认识生命、尊重生命、热爱生命、珍惜生命，从而产生良好积极的情绪情感体验，并产生积极的、正向的生命行为；而消极不健康的生命态度，会使人容易产生空虚、无聊、烦闷等消极情绪，引发自杀、自残、杀伤他人、虐待动物、破坏环境等消极生命行为的发生。

二　生命态度的测量方法

　　西方的学者研发了与生命态度相关的最早的测量工具。首先，克伦特（Crumbaugh）（1968）根据弗兰克尔意义治疗理论编制了《生活目的测验》（Purpose in Life Test，PIL），用于测量一个人对生活意义和目的的感受程度。该量表共20个项目，主要测量五个维度，包含对生命的热忱、生活目标、自主感、逃避、对未来期待。② 评价标准使用两极形容词作为指标。台湾学者将其翻译成中文版，以七点等级量表进行作答（杨宜音，张志学，1997）。肖蓉（2009）研究生活目的测验在内地大学生中的应用，发现该量表具有较好的信度，总量表的内部一致性信

----

① 李孟榛：《幼儿园教师生命态度与生命教育实施现况之研究——以彰化县为例》，硕士学位论文，国立高雄师范大学，2006年。

② Crumbaugh, J. C., "Cross-validation of Purpose-in-Life Test Based on Frankl's Concepts", *Journal of Individual Psychology*, Vol. 24, No. 1, 1968, pp. 74-81.

度系数是 0. 878，重测信度是 0. 837。[①]

其次，雷克尔（Reker）和皮科克（Peacoke）（1981）参考弗兰克尔意义疗法的观点后编制的《生命态度剖面图》（The Life Attitucle Profile，LAP），是第一个真正意义上的生命态度量表，用于测量个体了解自己生命目的与意义程度和寻找生命的动机。[②] 后来何英奇（1979）根据弗兰克尔意义治疗理论的核心命题和概念，参考《生活目的测试》《心灵目标追寻测验》《生命态度剖面图》等量表，编制了《生命态度剖面图量表》，包含了 39 个项目，主要测量个体的意义意志、存在充盈、生命目的、生命控制、苦难接纳和死亡接纳六个方面。[③] 这六个因子上又通过第二层因素分析抽出两个高层因子：生命意义的追求与肯定和存在的超越。生命意义的追求与肯定是由生命意义意志、生命目的、生命控制和苦难接纳 4 个因子所构成；存在的超越是由存在盈实和死亡接纳 2 个因子所构成，采用 5 级评分，1 = 非常不同意，5 = 非常同意，该量表有比较良好的信度和效度，被国内学者广泛应用于生命态度、生命意义感等研究。后来雷克尔（1992）又对此量表进行修订，修订为《生命态度剖面图——修订版》（The Life Attitucle Profile-Revised，LAP-R），修订后共有生命目的、生命一致性、选择与责任、死亡接纳、存在真空和目标追寻六个分量表，研究证实修订后的量表具有较好的信度和效度。[④]

谢曼盈（2003）在整理生命态度的相关理论，参考《生活目的测验》《生命指数量表》《存在意识量表》《生命态度剖面图》等量表基础上，编制了《生命态度量表》，该量表包括理想、生命自主、存在

① 肖蓉等：《生活目的测验（PIL）在大学生中的应用及其信、效度研究》，《中国临床心理学杂志》2009 年第 3 期。

② Reker, G. T. and Peacock, E. J., "The Life Attitude Profile (LAP): A Multidimensional Instrument for Assessing Attitudes Toward Life", *Canadian Journal of Behavioural Science*, Vol. 13, No. 3, 1981, pp. 264-273.

③ 何英奇：《生命态度剖面图之编制：信度与效度之研究》，《师大学报》1990 年第 35 期。

④ Reker, G. T., *Manual of the Life Attitude Profile-Revised (LAP-R)*, Peterborough: Student Psychologist Press, 1992.

感、爱与关怀、生命经验和死亡态度六个因子，共 70 个项目。[①] 理想，即关于生命的目标，是指个体认为具有深厚意义的且值得全身心投入去追寻的生活目标。生命自主，是指个体自由选择、自己掌握自我生命的一种态度，以及对选择的负责程度。存在感，是指个体对自己存在的意义与价值的肯定程度，掌握自己独特生命价值的深度。爱与关怀，指个体对他人的存在所表现出来的一种态度，包含对生命价值的思考以及行为方面的表现。死亡态度，指个体对死亡的态度，既包含对死亡的理性预期、正向思考，也包含消极应对的态度。生命经验，指个体对经验的态度，即当个体面对生活中的各种经验时选择的正向接纳或消极逃避的倾向。在生命态度的各因子中，理想及生命自主因子指向个体自身的生活态度；爱与关怀因子指向他人的态度；生命经验及死亡态度因子则是个体面对生命情境与遭遇时所表现出来的一种态度；存在感因子是指个体在当前情境下对自我价值所持的态度。此后，庞莉（2015）结合本土大学生的特点，通过施测，修订为只有 26 个项目的生命态度量表。[②] 采用 5 点等级评分，1 代表完全不同意，2 代表比较不同意，3 代表说不清，4 代表比较同意，5 代表完全同意。该量表总的内部一致性信度系数为 0.836，六个分量表的内部一致性信度系数分别是理想量表为 0.703，生命自主量表为 0.757，爱与关怀量表为 0.787，存在感量表为 0.765，死亡态度量表为 0.779，生命经验量表为 0.865。

后来陆续有研究者针对不同群体修订或编制适合不同群体的生命态度量表。如曾郁榆（2005）将《生命态度量表》修订为《青少年生命态度量表》，使之适合台湾的青少年。张维（2017）采用该量表评估了大陆高中生的生命态度，主要包含理想、生命意义、爱和关怀、存在感、死亡态度五个维度，采用 Likert 4 点计分，共 25 个题目，该问卷的内部一致性信度系数全量表为 0.832，各分量表内部一致性信度系数在 0.663—0.772 之间，具有较好的信度和结构效度。李昱平（2005）再修订适用于高中、职校学生的《青少年生命态度量表》。黄淑芬

① 谢曼盈：《生命态度量表之发展与建构》，硕士学位论文，慈济大学教育研究所，2003 年。

② 庞莉：《大学生生命态度与心理求助的现状调查及其教育对策研究》，硕士学位论文，广西师范大学，2015 年。

（2005）修订适合小学儿童的《儿童生命态度量表》。吴静谊（2007）修订适用于老年人的《老年人生命态度量表》。

三　生命态度的相关研究

（一）生命态度与人口统计学变量的相关研究

许多研究表明生命态度的部分维度上存在显著的性别差异。研究发现男女在生命目标、生命使命、生命方向以及对自我、他人与生命的理解等方面存在差异，研究甚至发现不同性别的小学高年级学生在积极负责、感恩关怀、接纳自己和整体态度上就存在显著差异（黄淑芬，2006）。[1] 比如，男生比女生具有更明确的生命目的，更能自主地掌握自己的生命，并对自己的生命负责；而女生接纳死亡的程度比男生高，更能表现出爱与关怀（何英奇，1979；谢曼盈，2003；刘唯义，2005）。

年龄与生命态度存显著正相关。随着年龄的增长，积极的生命态度水平也越高（Noriko，1999）。国内学者朱莉琪等（2000）研究发现：对于生物体与非生物体的区分，4 岁幼儿尚不能区分，5 岁幼儿能做到部分区分，6 岁幼儿能进行较好区分；对生长现象的认知，幼儿的认知水平随年龄增长而提高，并能较好的解释原因；对于生长的不可逆性，五六岁幼儿已较好的掌握相关知识，并可据此对不熟悉的生物现象做出一致性的推理；不同教育条件下的幼儿对生长的认知存在差异；幼儿能够较普遍持久地区分生物体与非生物体。[2] 朱莉琪，方富熹（2005）继续研究发现幼儿能够清楚地认识到非生物体不会衰老，而生物体衰老的认知水平随年龄增长而提高，且对动物衰老的认知水平优于植物；幼儿在生命生长认知的基础上逐渐建立对衰老的认知，但两者的发展并非完全同步，幼儿对动物衰老与对动物生长的认知同步，而对植物衰老的认知滞后于对植物生长的认知；对于衰老的不可逆性幼儿都有较好的认知，而对衰老的普遍性要到5、6 岁才能明确地认知，幼儿对衰老不可逆性的认知先于普遍性；幼儿的生物认知受其生活经验和日常词汇的影响。[3] 后来其他研究者也做过相

　　[1]　黄淑芬：《国小高年级学童生命态度与人际关系之相关研究》，硕士学位论文，国立高雄师范大学，2006 年。

　　[2]　朱莉琪等：《学前儿童"朴素生物学理论"发展的实验研究——对"生长"现象的认知发展》，《心理学报》2000 年第 2 期。

　　[3]　朱莉琪等：《学前儿童对生物衰老的认知》，《心理学报》2005 年第 3 期。

关研究，何峰等人（2006）从生命来源、生命生长规律、生命本质、死亡认知等方面对幼儿的生命认知进行调查，结果发现幼儿对生命来源有较好的认知；对生命生长规律的认知存在年龄差异，其认知水平随年龄增长而不断提高；对生命本质的理解存在年龄差异，大班幼儿更好地理解生命的特质，能把能否"自主运动"作为生命判别的依据；幼儿对死亡认知存在明显的年龄差异，对死亡的必然性和普遍性认知不足。[①] 在一项南京市少工委（2005）对南京市1068名在校小学生的大型调查中也发现，青少年儿童对生命现象已经形成基本认识，但受知识经验的限制，其尚未形成明晰的生命意识，进而缺乏对生命的尊重与珍惜，并对死亡现象存在一定的认识偏差。[②] 研究对青少年群体的调查发现20岁大学生比19岁大学生有更明确的目标和理想，对自己存在的意义和价值有更深的认识，能更好地把握和控制自己的命运（刘唯玉，2005）。

在生命态度与受教育程度的相关研究中发现受教育程度与生命态度呈正向的显著相关。在对老人的生命态度的研究中发现受教育程度越高，生命态度越正向（刘淑娟，1998）。其他研究者也证实不同教育程度的老年人在整体生命态度和部分层面的差异也达到显著性水平，结果表明受教育程度越高，生命态度越正向（吴静谊，2007）。

（二）生命态度与健康的相关研究

在生命态度与身体健康的相关研究中发现身体健康越好，生命态度越积极。国内有学者研究也发现健康状况越良好的大学生，生命态度倾向越正向（谢曼盈，2003；潘靖瑛，2010；Korkmaz Aslan, Kartal, Özen Çınar & Koştu, 2017）

除身体健康外，生命态度与心理健康也呈正相关。有研究显示，心理幸福感越强，个体的生命态度更为积极，家庭关系越融洽、和谐，个体的生命态度更积极（Andretta, Worrell & Mello, 2014）。[③] 此外，生活满意度、生活适应度、对自己生命的评价、亲近大自然、人际关系、生

---

① 何锋等：《幼儿生命认知的调查研究》，《幼儿教育》2006年第2期。

② 南京市少工委课题组：《少年儿童生命意识状况调查及对策思考——来自南京市1068名小学生的实证研究》，《中共南京市委党校学报》2005年第2期。

③ Andretta, J. R., Worrell, F. C. and Mello, Z. R., "Predicting Educational Outcomes and Psychological Well-being in Adolescents Using Time Attitude Profiles", *Psychology in the Schools*, Vol. 51, No. 5, 2014, pp. 434-451.

活态度、家庭排行等因素与大学生的生命态度都有一定程度的相关（谢曼盈，2003；潘靖瑛，2010）。周雪梅等（2013）在关于老年人生命态度与抑郁和社会支持的关系研究中发现越抑郁的人越难以自然接受死亡，得到更多社会支持的人死亡恐惧较低。积极的生命态度有助于形成积极的应对方式（李娇娇、彭文波，2016），生命态度的各个维度均与应对方式中的问题解决呈显著正相关，理想与退避、幻想呈显著正相关，生命意义与求助、幻想呈显著正相关，与忍耐呈显著负相关，爱与关怀和求助呈显著正相关，存在感和求助、退避、忍耐呈显著负相关，死亡态度和求助、退避、发泄、幻想呈显著正相关；生命态度总体与应对方式的问题解决、发泄、幻想呈显著正相关，与忍耐呈显著负相关，与求助、退避不相关（张维，2017）。[①] 这些应对方式的选择影响个体的身心健康。

第二节　死亡焦虑

一　死亡焦虑的概念

（一）死亡

生与死是人类生命历程的起始与终止，在新华字典里将死亡定义为丧失生命，消亡，消失。生物学和社会文化角度对死亡有着不同的理解（刘靖靖，2010）。[②] 在生物医学领域，医学界多以美国哈佛医学院的界定为依据：不可逆的脑昏迷或脑死亡才是真正的死亡（陈世芬，1990），[③] 具体判断准则一般如下：无感受性或无反应性；对外界刺激或内在要求毫无反应；缺乏呼吸和运动，通过抢救或人工输氧3—15分钟以后，仍然不能自发性地呼吸和运动；缺乏反射功能：即生物学中所研究的各种机能反射已经丧失；脑电波图消失；如果这四种现象在服用药物过后，身体温度高于32度的情况下连续1—3天，经过多次检查并

---

① 张维：《高中生生命态度和应对方式关系及干预研究》，硕士学位论文，河北师范大学，2017年。

② 刘靖靖：《大班儿童死亡概念的发展及影响因素研究》，硕士学位论文，陕西师范大学，2010年。

③ 陈世芬：《儿童及青少年死亡概念内涵与发展之研究》，国立中山大学1990年版。

未发生改变，方可断定死亡。美国的三位生理学者卡罗尔、纳什、米勒，于 1976 年给"死亡"下了一个定义，提出四方面的界定：功能上的死亡、脑部死亡、细胞死亡、心智死亡。简而言之，当死亡发生时，脑部不再接受和传递信息，耳朵不再听声音，眼睛不再看东西，鼻子不再嗅东西，舌头不再尝食物，皮肤冰凉，呼吸及心跳都停止。在社会文化层面，不同文化背景造就了不同的死亡概念，不同的种族，也会对死亡有着自己的认识。根据社会文化论点将死亡定义为死亡是一种社会性过程，当一个人没有思想、没有感觉时，就可谓之社会性死亡（Kastenbaum & Kastenbaum，1989）。

（二）焦虑

焦虑（anxiety）和恐惧（fear）是死亡心理学的相关文献用来描述个体对死亡的态度时最常使用的两个术语。在心理学上，焦虑和恐惧是两个不同的概念。心理学百科全书说，焦虑是指"个体在担忧自己不能达到目标或不能克服障碍而感到自我价值受到持续威胁下的一种紧张不安、带有惧怕色彩的情绪状态"。恐惧是指"个体面临外部的某种紧迫而危险的情境时努力试图摆脱、回避却又无能为力时的一种情绪体验"。焦虑与恐惧这两种情绪状态存在不同之处：使个体感到焦虑的是自我价值受到威胁，同时构成这种威胁的危险是朦胧不清的，尚未被个体清楚认识到；而当危险的对象真实存在、清晰地出现在眼前时，个体就会产生恐惧。同时，二者又具有共同之处，它们都是由于个体认识到缺乏把握某种威胁性情境的能力所造成的。焦虑是由紧张、不安、焦急、忧虑、恐惧等感受交织而成的情绪状态（张春兴，1994），[1] 焦虑是对恐惧的恐惧（黄希庭，2002）。[2] 恐惧被看作焦虑的一种来源或是一种表现，在一定程度上来说，焦虑和恐惧是可以交互使用，特别是就死亡而言，对个体造成威胁的对象似乎是明确存在的，在面对死亡这一威胁性事件时，焦虑与恐惧同时存在，无法加以明确地区分（刘娇，2005）。

为了更好地研究焦虑，有研究者对焦虑进行分类。焦虑是指人自尊心和自信心由于自我不能达到目标或不能克服障碍的威胁遭受一定程度削弱，或人内心失败感和内疚感程度的增加，在人的内心状态中形成一

---

① 张春兴：《现代心理学》，上海人民出版社 1994 年版。

② 黄希庭：《人格心理学》，浙江教育出版社 2002 年版。

种紧张不安并带有恐惧的情绪状态，如紧张、不安和自主神经系统的激活与唤醒等。卡特尔（Cattell）和西切尔（Scheier，1961）通过研究提出可以将焦虑分为状态焦虑和特质焦虑两种类型，其中特质焦虑是指人整体的相对稳定的人格特征，如内心紧张、自我弱小等；状态焦虑是指个体随着人诸如呼吸频率、心脏跳动等身体指标变化而短暂性变化的情绪状态。[①] 卡特尔进一步指出，状态焦虑和特质焦虑相互区别且相互独立，主要表现在以下方面：（1）状态焦虑源于日常生活中的某些应激事件，持续时间短，特质焦虑源于儿时并伴随一生，持续时间长；（2）状态焦虑的焦虑程度相对于特质焦虑的焦虑程度较重，相反，特质焦虑的焦虑程度相对于状态焦虑的焦虑程度较轻；（3）状态焦虑具有明显的植物神经系统症状，而特质焦虑一般没有该症状；（4）漂浮焦虑是特质焦虑的核心，而情境性焦虑或期待性焦虑是状态焦虑的核心。总之，状态焦虑是一种短暂的应激式的情绪波动状态，是个体对其所处环境中部分环境因素发生变化后所给予的一种即时即刻反应，即时即刻反应结束之后，情绪波动状态就结束。而两种类型焦虑中的特质焦虑则具有个体上的差异，之所以具有个体上差异主要是因为特质差异属于个体的一种性格特征，具有一定的稳定性，持续时间比较长，更像是个体的一种行为倾向和习惯等。

（三）死亡焦虑

韦氏词典将死亡焦虑（Death Anxiety，Thanatophobia）定义为对死亡超乎常理的强烈恐惧，是个人在思考濒死的过程或死后之事时出现的惧怕或忧虑。当死亡被提醒时，个体的内心受到死亡的威胁，从而产生一种恐惧或害怕的情绪状态（刘娇，2005）。[②]

不同学者在界定死亡焦虑的概念时，根据其研究目的和研究内容的不同，提出不同的死亡焦虑的定义。刘方（2015）整理了国外的相关研究，[③] 大体上可以将死亡焦虑的定义分为三大类。第一是情绪取向，

① Cattell, R. B. and Scheier, I. H., *The Meaning and Measurement of Neuroticism and Anxiety*, New York: The Ronald Press, 1961, pp. 495-496.

② 刘娇：《大学生死亡焦虑及其与自我价值感的相关研究》，硕士学位论文，西南师范大学，2005年。

③ 刘方：《老年人身体健康感知与死亡焦虑的关系及其机制研究》，硕士学位论文，四川师范大学，2015年。

托马尔（Tomer，1992）指出，人们都有预期未来的能力，而死亡焦虑则是个体在日常生活中预期死亡即将到来时产生的恐惧状态；而舒马赫（Schumaker）等（1988）认为，死亡焦虑的产生是由于个体意识到死亡是无法控制的，从而产生的一种焦虑情绪。① 可见，情绪取向的死亡焦虑指的是由死亡事件引起的负面情绪体验。第二是认知取向的定义，以伊莱森（Eliason）为代表，他认为个体具有预测和预见未来的能力，当个体预期到自我将不复存在时会引发死亡焦虑。而死亡焦虑能够激发个体对后悔的感知，然后不断修正个体对自我的信念，通过调整自我管理从而对死亡焦虑产生影响。因此，认知取向的观点认为，不同的人由于个体的认知能力不同，会产生不一样的死亡焦虑，每个人拥有不一样的认知能力，因而也就会产生不一样甚至不同程度的死亡焦虑。第三是多维取向，多维取向认为死亡焦虑是多维的，不应该只从单一的维度来定义。死亡焦虑不仅包括对自身死亡的恐惧以及对死亡过程会产生痛苦的担心，还包括对重要他人的死亡的恐惧；不仅包括对死亡引起的痛苦的害怕，还包括对死后的担心。多维取向强调应多角度、多维度地分析死亡焦虑。这三种取向从不同方面对死亡焦虑进行阐述，丰富了死亡焦虑的研究。

二　死亡焦虑的测量

研究者主要基于不同的死亡焦虑结构的理论基础编制了相应的死亡焦虑的量表，主要包含单维、双因素和多维三种不同的死亡焦虑量表（江君，2016）。②

（一）死亡焦虑单因素结构量表

早期人们认为死亡焦虑是单维的，是一个受环境事件影响的流动的实体（Ahmed，2004），在此基础上阿哈姆德开发了单维死亡焦虑量表，该量表只有一个条目"我害怕死亡"（I am afraid of death），采用李克特7级评分法，从非常同意到非常不同意。然而，其他死亡焦虑的单维问

---

① Schumaker, J. F., Barraclough, R. A. and Vagg, L. M., "Death Anxiety in Malaysian and Australian University Students", *The Journal of Social Psychology*, Vol. 128, No. 1, 1988, pp. 41-47.

② 江君:《死亡焦虑的发展特点、成因及结构探析》，硕士学位论文，哈尔滨师范大学，2016年。

卷是由多个项目组成的，用以评估广泛的与死亡相关的经验，却只有一个分数。如费菲尔（Feifel）（1990）认为，对死亡的恐惧并不是单一的变量，各种其他成分的存在是很明显的。如害怕下地狱，自我的丧失，孤独，等等。这种量表的评估内容单一、不深入，人们只能通过该量表了解死亡焦虑的程度，却无法反应出死亡焦虑的表现或特点，因此在实际的研究中应用不大。

（二）死亡焦虑双因素结构量表

坦普勒（Templer）（1976）年提出了死亡焦虑的双因素理论，该理论认为死亡焦虑的水平是由整体心理健康状况和与死亡相关事件的特殊经历决定的。[①] 这是基于坦普勒先前编制的死亡焦虑量表（Templer-Death Anxiety Scale，T-DAS）的相关研究的结果而得来的。T-DAS 是坦普勒于 1967 年研制的，包括 15 项是非式的评分条目，获得了大量研究结果的支持。而且它已经被翻译成了多种不同的语言版本，包括阿拉伯语、法语、德语、中文、日语等。2006 年该量表的扩充版研制成功，在原量表的基础上增加了 36 个新的条目，共 51 项，新死亡焦虑量表比原来的死亡焦虑量表有更高的信效度（Templer，Awadalla，et al.，2006）。国内研究者刘方翻译并修订了死亡焦虑量表（Templer Death Anxiety Scale，TDAS）。该量表为单因素量表，共 15 个项目，采用李克特 5 级计分法，该量表总分为各项目分数之和，得分越高，表示个体的死亡焦虑水平越高，该量表具有较好的信度和效度（张洁，2018）。[②]

双因素理论是基于 T-DAS 量表的实证研究而得出来的，但坦普勒认为，可能存在第三个独立于心理健康和经验的因子存在，某些死亡焦虑是产生于外部，但更多的是产生于内部（Templer，Awadalla，et al.，2006）。对此，杰奎因（Joaquin）、乔安姆（Juana）和杰奎因（2005）在双因素理论的基础上，根据死亡焦虑产生的内外性，编制了死亡焦虑调查表（Spanish Death Anxiety Inventory，SDAI），共 20 个条目，分为 5级记分，后经修订删除 3 个项目后结构性较好，分为内部和外部产生的

---

① Templer, D. I., "Two Factor Theory of Death Anxiety: A Note", *Essence: Issues in the Study of Ageing, Dying, and Death*, Vol. 2, 1976, pp. 91-93.

② 张洁：《隔代教养祖辈的身体健康感知与死亡焦虑的关系：生命意义的中介效应》，硕士学位论文，四川师范大学，2018 年。

死亡焦虑，得出了四个显著的因子，分别命名为：死亡接受性、外部生成的死亡焦虑、死亡终结和关于死亡的想法。[①] 该量表是基于西班牙文化背景下而编制的，因而更适合测量西班牙群体的死亡焦虑水平。

（三）死亡焦虑的多维度结构量表

弗洛里南（Florinan）和克拉维茨（Kravetz）（1983）提出了死亡焦虑的多维模型。这个模型认为死亡的个人内部后果、人际后果和超个人后果构成了死亡焦虑的三个维度。[②] 总量表由这三个分量表组成。在其实证研究的因素分析中弗洛里南和克拉维茨得出了三个维度下的共六个因子，并且证实了这个死亡焦虑的多维模型的效度。在后来的研究中此模型的辨别效度也得到了支持。弗洛里南和斯洛登（Snowden）（1989）还将其推广到了美国的不同种族和文化群体中去。

阿哈姆德（Ahmed）（2004）认为死亡焦虑是一个多维度的概念，编制了阿拉伯死亡焦虑量表（Arabic Scale of Death Anxiety，ASDA），分为20个条目，采用5级记分，并且经过调试，出现了英语、土耳其语、西班牙语及中文的版本，正在得到越来越多的应用。[③] 阿哈姆德对阿拉伯死亡焦虑量表（ASDA）进行了信效度检验，并证实了ASDA的四个因子，分别为：害怕死人和坟墓、害怕死后的事情、害怕致命的疾病和死亡专注。该量表是建立在阿拉伯及穆斯林宗教背景的基础上的，因而更加适合具有阿拉伯或穆斯林背景的被试者。

CLS是由科莱特（Collett）和莱斯特（Lester）（1969）编制的死亡恐惧量表（Collett-Lester Fear of Death Scale），经修订后包括28个条目，采用5级记分，测量个体自己死亡和他人死亡的恐惧，以及对于死亡和濒死的恐惧（Lester，2007），即分为四个成分：恐惧自我死亡、恐惧自我濒死、恐惧他人死亡和恐惧他人濒死。该量表经过部分国家及地区跨文化的调试，得到了一定的应用。目前，还没有关于中文版的修订。此

① Joaquin, T. S., Juana, G. B. and Joaquin, T. L., "The Death Anxiety Inventory: A Revision", *Psychological Report*, Vol. 97, 2005, pp. 793-796.

② Florian, V. and Kravetz, S., "Fear of Personal Death: Attribution, Structure, and Relation to Religious Belief", *Journal of Personality & Social Psychology*, Vol. 44, No. 3, 1983, pp. 600-607.

③ Ahmed, M. A. K., "The Arabic Scale of Death Anxiety (ASDA): Its Development, Validation, and Results in Three Arab Countries", *Death Studies*, Vol. 28, 2004, pp. 435-457.

外，基于多维死亡焦虑的理论基础编制的量表还有内梅耶（Neimeyer）
和摩尔（Moore）（1994）的多维死亡恐惧量表（the Multidimensional
Fear of Death Scale，FODS），量表共21个题目，采用5级计分，包括四
个维度：第一维度为"对未知的恐惧"；第二维度为"对毁坏的恐惧"；
第三维度为"对死亡的恐惧"；第四维度为"对死后躯体的恐惧"。纳
尔森（Nelson）和纳尔森（1975）编制死亡焦虑多维量表（Multi-Death
Anxiety Scale，MDAS）。[1] 基于多维死亡焦虑理论编制的量表一般都包
含多个因子，可以说是最详细具体的死亡焦虑量表，它能反应出死亡焦
虑的多种成分，既含有对死亡的不愉快的主观感受，也包括一些与死亡
相关的因素，也有从不同的角度对不同死亡状态的评估，因而具有较大
的应用价值。

随着国外对死亡焦虑研究的增加，国内学者也开始这方面的研究，
在翻译、修订国外相关量表的同时，也逐步编制了一些适合中国文化的
死亡焦虑量表。刘娇（2005）编制了死亡焦虑问卷来评估大学生的死
亡焦虑水平，主要包含五个维度：不确定焦虑、自控丧失焦虑、情感冲
击焦虑、自我实现焦虑和人际负担焦虑，内部一致性信度系数在0.62
至0.91之间，有较好的内容效度和结构效度。[2] 杨红（2012）立足本
土，对死亡焦虑量表进行跨文化研究并形成中文量表，得到四个维度，
包括情感、压力与痛苦、时间意识以及认知。徐晟等（2015）结合中
国文化背景，编制了适合我国的老年人死亡恐惧量表，专门用于评估我
国老年人的死亡焦虑状况，将量表本土化。量表包括25个项目，4个
维度。[3]

（四）死亡焦虑的内隐测量

除了外显测量，死亡焦虑也潜入个体的意识水平之下进行研究。有
研究者开始尝试使用基于反应时的测量方法来评定死亡焦虑，较为常用
的有斯特鲁普情绪任务（Emotional Stroop Task）和内隐联想测验（Im-
plicit Association Test，IAT）。前一种方法要求被试者在代表不同情绪意

---

① Nelson, L. D. and Nelson, C. C., "A Factor Analytic Inquiry into the Multidimensionality of Death Anxiety", *OMEGA-Journal of Death and Dying*, Vol. 6, No. 2, 1975, pp. 171-178.

② 刘娇：《大学生死亡焦虑及其与自我价值感的相关研究》，硕士学位论文，西南师范大学，2005年。

③ 徐晟等：《老年人死亡恐惧量表的编制》，《中国临床心理学杂志》2015年第1期。

义的刺激出现时为墨水选择一种颜色。最近的研究显示，与控制组单词相比，大学生平均要花费更长的时间为死亡词汇命色，但是没有发现使用这种方法测得的死亡焦虑与通过自评量表测得的死亡焦虑或宗教信仰之间的关系（Lundh & Radon，1998）。内隐联想测验（IAT）是通过记录被试者对词语的匹配时间来考察被试者对不同词语的联想力，由此来测量其对死亡的态度的一种方法。巴西特（Bassett）和达布斯（Dabbs）（2003）在其研究中发现了 IAT 测得的内隐死亡态度与运用死亡焦虑量表测得的外显死亡焦虑的关系，高外显死亡焦虑者具有高内隐死亡否定。[①]

三　死亡焦虑的相关研究

（一）死亡焦虑的防御机制研究

1. 恐惧管理的双重加工模型

贝克尔（Becker）（1997）提出一些人类的行为是由对死亡的恐惧而激发的。人类像所有动物一样，都是被生存动机驱使。[②] 然而，不像其他动物，人类有意识自己死亡的认知能力。这种对必然死亡的预期能力，与生的欲望相联系，会潜在的导致非常大的悲痛。但人们为什么会对难以避免的死亡有如此少的恐惧呢？对此，格林伯格（Greenberg）等人（1986）提出了恐惧管理理论（TMT），认为人们持有双重加工系统来帮助他们远离导致死亡恐惧的死亡意识。根据恐惧管理的双重加工模型，当死亡的意识进入关注的焦点时，人们立刻努力把这些意识移除到关注点之外。[③] 起先反击死亡意识的努力是近端防御（proximal defenses），包括抑制死亡的想法和否认对死亡的易感性。人们往往会否认自己终有一死，压制那些与死亡相关念头，认为死亡离自己还很遥远。这些否定策略既包括适应性的（增加对健康的关注），也包括适应性不良的（否认有健康的风险）应对方法，他们常由个体差异所决定。但不

---

① Bassett, J. F. and Dabbs, J. M. , Jr. , "Evaluating Explicit and Implicit Death Attitudes in Funeral and University Students", *Mortality*, Vol. 8, No. 4, 2003, pp. 352-371.

② Becker, E. , *The Denial of Death*, New York: Free Press, 1997.

③ Greenberg, J. , Pyszczynski, T. and Solomon, S. , The Causes and Consequences of a Need for Self-Esteem: A Terror Management Theory, In *Public Self Private Self*, New York: Springer, 1986, pp. 189-212.

管这些有区别的差异怎样影响身体的健康，他们都是把死亡的想法从关注点移除，从而服务于与死亡认知作斗争的心理功能。

当他们已经把死亡的想法从关注点移除的时候，近端的防御就停止了。那么意识焦点之外的死亡想法就被激活，它仍然会轻易地进入个体的意识之中。在这时，双重加工系统的第二个成分即末端防御（distal defenses）就开始运作了。一般在 5 分钟之后。这些防御集中于提升一个象征性的自我，比物质的自我更具持久意义的自我（Pyszczynski, Greenberg & Solomon，1999）。末端防御包括这样一些策略，如寄希望于文化世界观、群体身份认同以及能提供自我价值和自我超越感的亲密关系等（Abeyta，Juhl & Routldge，2014）。一般分为三种心理成分，即文化世界观、自尊和亲密关系。这三种成分共同建构了恐惧管理的心理机制，更加有效地避免了死亡的恐惧。

2. 意义管理模型

王（Wong）（2002）提出了意义管理模型，认为只有接受死亡并理解死亡的意义，才能学会更好的生活，更坦然的面对死亡。① 它比恐惧管理更具适应性，是建立在弗兰克尔的意义追寻理论的基础上。每个人的生命都是有意义的，意义属于每一个人，而且无论在何种情况下，生命都保留着它的意义，这些意义必须通过对自我的探索而得到。意义管理模型强调，人类天生就有对意义的需要，但这种需要可能不为个体所觉察，死亡和痛苦唤起了个体寻求意义、寻求生与死的目的的强烈需要，无论在哪种环境里，个体都可以发现并创造意义，即使是在面对死亡的时候（刘娇，2005）。

意义管理模型是一种合理化或升华的适应性防御机制，意义感产生于一个人投身于生命拓展，生活充实和自我超越的追求。发现和寻求个体存在的意义是人类动机的本质，个体寻求生活中的意义是通过他们对世界所做的贡献，以及从世界中所获得的经验或遭遇的价值，当无力改变命运时，取决于所采取的态度（Rappaport，Fossler，Bross & Gilden，1993）。这些都具有积极的价值导向，也是对积极心理学的一种回应。

---

① Wong，P.，"From Death Anxiety to Death Acceptance：A Meaning Management Model"（2002），http：//www. meaning. ca. articles. death. acceptance. htm.

3. 目标管理模型

维斯瓦纳坦（Viswanathan）（1996）研究表明，生活的目的与死亡焦虑呈负相关，生活的目的越伟大，死亡焦虑就越少。[①] 亚隆认为，如果人生目的的设计指向自身之外的某物或某人，如对事业的热爱、创造的过程、爱他人或爱某一神圣本体，那么它就会呈现出更深邃、更伟大的意义。拉帕波尔（Rappaport）、弗斯勒（Fossler）、布洛斯（Bross）和吉尔登（Gilden）（1993）研究表明，目标管理可以减轻死亡焦虑，发现生活的目的，对生活本身具有促进性，那么在面临老化或濒死的过程中，也许就会特别重要。[②]

人们对死亡的恐惧往往隐藏于某种表象之下，如把自己的生命寄托于子女、追逐金钱和名誉，发展出某种强迫行为，培养一种对终极拯救者的坚固信仰（上帝）等。同样的，那些工作狂或过分专注于出人头地、未雨绸缪、积累财富、做得更大更强、声名更显赫等，可能是无意识地追求永恒的强迫行为方式。这些目标有的是指向自身之外，有的是指向自己。一般认为指向自身之外的目标能有效缓解焦虑，但是否指向自身内部的目标就无法缓解死亡焦虑呢？目标管理理论还没有被系统的提出，因而很少有关于该理论的研究。

4. 死亡焦虑综合模型

托马尔（Tomer）、伊莱亚森（Eliason）（1996）年提出了死亡焦虑的综合模型，兼容了多种理论，在这个模型里，死亡焦虑有三个直接决定的因素：过去的遗憾、将来的遗憾和死亡的意义。[③] 过去相关的遗憾指的是一个人本应该实现，但实际没有实现的愿望，从而造成了个体极大的悲痛。将来的遗憾是指个体预期到死亡的提前出现，致使个体不能实现未来的目标，从而感到非常的焦虑。而死亡的意义性，则是指个体的死亡概念及对死亡的理解能力，个体是如何看待死亡，以及个体是否能够更好地理解死亡的意义，这都直接决定个体的死亡焦虑水平。这三

---

① Viswanathan, R., "Death Anxiety, Locus of Control, and Purpose in Life of Physicians", *Psychosomatics*, Vol. 37, 1996, pp. 339–345.

② Rappaport, H., Fossler, R. J., Bross, L. S. and Gilden, D., "Future Time, Death Anxiety, and Life Purpose Among Older Adults", *Death Studies*, Vol. 17, 1993, pp. 369–379.

③ Tomer, A. and Eliason, G., "Toward a Comprehensive Model of Death Anxiety", *Death Studies*, Vol. 20, 1996, pp. 343–365.

个因素以一个复杂的方式与死亡提醒相联系，并受到应对机制的调节，影响着个体自我和世界的信念。刘娇（2005）认为，死亡提醒通过三种方式与死亡焦虑的三个决定因素发生联系：第一，死亡提醒激活个体的遗憾感以及死亡意义性的知觉；第二，通过修改个体的自我和世界的信念，从而影响三个决定因素；第三，激活各种应对机制，包括人生回顾、生活规划、文化认同、自我超越等。①

在死亡唤醒的条件下，个体会采取一些防御性行为，以有效地避免死亡焦虑。波帕姆（Popham）、肯尼森（Kennison）和布莱德利（Bradley）（2011）的研究认为，青年人也许会企图寻求一些使自己感到强壮、充满精力和刀枪不入的经验，从而远离将来年老的自己和他们死亡的意识。② 那些在死亡唤醒条件下的被试者，比非死亡唤醒的被试者展示出更愿意从事高风险性的行为（Ford，Ewing，Ford，Ferguson & Sherman，2004）。死亡的意识激发了个体意义知觉以及过去和将来的遗憾，因不愿重蹈覆辙，人们往往愿意更充实地生活，选择更能展示生命意义的生活方式。

（二）死亡焦虑的实证研究

1. 死亡焦虑与人口学变量的相关研究

首先，性别是常见的人口学变量，在大部分的研究中，无论研究对象是青少年、成人或老年人，结果皆是女性的死亡焦虑显著高于男性，而且具有一定的跨文化性（Harding，Flannelly，Weaver & Costa，2005；Depaola，Griffin，Young & Neimeyer，2003）。唐（Tang）等（2002）对香港大学生的研究也发现女性的死亡焦虑高于男性。尼迈耶（Neimeyer）等（1980）认为女性比男性具有较高的死亡焦虑可能是因为女性较会承认并表现出情绪困扰，而男性不会公开表现；相对于男性来说，女性对生活事件感觉到较少的控制能力，因而面对死亡这一事件也有较高的死亡焦虑。埃斯堡（Eshbaugh）和亨宁格（Henninger）（2013）认为征服欲水平，抑郁的特征和社会期望等可能会影响到性别

---

① 刘娇：《大学生死亡焦虑及其与自我价值感的相关研究》，硕士学位论文，西南师范大学，2005年。

② Popham, L. E., Kennison, S. M. and Bradley, K. I., "Ageism and Risk-taking in Young Adults: Evidence for a Link Between Death Anxiety and Ageism", *Death Studies*, Vol. 35, 2011, pp. 751-763.

与死亡焦虑之间的关系。①

　　其次，年龄对死亡焦虑的影响是显而易见的，不同年龄个体的死亡的意识水平也是有差异的。罗增让（1998）对不同年龄段的儿童进行了死亡焦虑的研究，发现焦虑水平随被试者的年龄的增加而升高。② 但这种变化趋势不是呈直线型的。卢萨克（Russac）、加特利夫（Gatliff）、雷克（Reece）和伍德（Spottswood）（2007）对成人群体进行了横向的考察，发现在他们 20 岁左右的时候，男性和女性的死亡焦虑达到了顶峰，随后显著下降，然而，女性在 50 岁左右的时候显示了第二个高峰，但这种现象没有出现在男性身上。这表现为一种倒"U"型的变化趋势，但女性是双峰分布，而男性是单峰分布的，这同时也体现出了死亡焦虑的性别差异。辛诺夫（Sinoff）、伊西波维奇（Iosipovici）、阿尔莫格（Almog）和巴内特·格林（Barnett-Greens）（2008）认为，老年人不害怕死亡，但更害怕濒死的过程，他们倾向于理解有限生命的局限性，因而较易接受死亡。这也许是害怕死亡的不同方面，而且各自表达死亡焦虑的方式也会有差异。

　　信仰有助于缓冲死亡焦虑（Wink，2006），在宗教信仰中，对上帝存在的信念或对上帝的感激都能有效的缓解死亡焦虑（Krause & Bastida，2012），但并不是所有的宗教信仰都能如恐惧管理理论所说的，具有缓冲死亡焦虑的力量。胡伊（Hui）和科尔曼（Coleman）（2012）研究表明，佛教徒的再生信念与死亡焦虑是没有关系的。这或许是因为，佛教徒并没有把再生当作一个慰藉，而是当作了遭受因果报应的补充。③ 同样的，穆斯林宗教背景的个体，其死亡焦虑也没有表现出与其信仰的任何关联性（Lester & Ahmed，2008）。可见，信仰对死亡焦虑的缓冲作用，取决于个体如何看待死亡的信念，而个体对这种信念所具有的虔诚性，就会影响到其面对死亡时所产生的焦虑水平。

　　2. 死亡焦虑与个体内部变量的相关研究

　　在死亡的唤醒条件下，不同的人格肯定会表现出一定的差异性。弗

　　① Eshbaugh. E. and Henninger. W. ，"Potential Mediators of the Relationship Between Gender and Death Anxiety"，*Individual Differences Research*，Vol. 11，No. 1，2013，pp. 22-30.

　　② 罗增让：《关于儿童死亡焦虑的初步探讨》，《中国心理卫生杂志》1998 年第 3 期。

　　③ Hui，V. K. Y. and Coleman，P. G. ，"Do Reincarnation Beliefs Protect Older Adult Chinese Buddhists Against Personal Death Anxiety"，*Death Studies*，Vol. 36，2012，pp. 949-958.

雷泽（Frazier）和福斯·古德曼（Foss-Goodman）（1989）研究表明死亡焦虑和神经质、A 型行为模式有显著的相关，死亡焦虑越高，个体就越可能表现出更大的情绪性和更多的攻击性，并且神经质、A 型行为和外向性能够很好的预测死亡焦虑。很多研究都证实了死亡焦虑与人格某种成分的关系。

布郎斯坦（Braunstein）（2004）的研究表明，不管疾病的状态和严重性，对于所有感染了 HIV 的个体，非合理信念能够更好地预测死亡焦虑。疾病使个体产生了对现实的非合理信念，唤醒了个体的死亡意识，因而导致了死亡焦虑，但并非只有那些患有疾病的个体才会产生非合理信念，有时健康的个体同样会有非合理的信念。狄波拉（Depaola）、格里芬（Griffin）、杨（Young）和尼迈耶（Neimeyer）（2003）研究表明，非裔美国人被试者比白种人被试者报告了更高水平的死亡焦虑，而且他们也倾向于认为衰老更没有社会价值。① 这尤其表现在那些持有年龄主义的青年人中，他们通过寻求一些使他们感到强壮、精力充沛和刀枪不入的经验，从而企图远离将来年老的自己（Popham, Kennison & Bradley, 2011）。这些个体对老年人所持有的消极信念，认为衰老没有社会价值，致使他们在面对死亡时，产生了更高的死亡焦虑，从而采取了更多的冒险性行为，以回避这种焦虑的侵袭。如果个体对老化持有一种合理的信念，或许他们能更坦然的面对衰老。艾伦（Allan）和乔森（Johnson）（2009）发现高水平的老化知识可以减少老化的焦虑，从而能相应的减少年龄主义的态度。②

自尊指个体对自己生活环境的意义感及价值感的体验，恐惧管理理论认为自尊是个人自我价值和意义的特质水平预测器，高自尊使人们避免了死亡想法可接近性的增加（Abeyta, Juhl & Routldge, 2014）。而当自尊受到威胁时，特别是失败引发了自尊的降低时，死亡焦虑就会相应地增加（Routledge, 2012）。自尊和死亡焦虑之间是有显著的负相关（Miller, Davis & Hayes, 1993）。低自尊的个体比高自尊的个体有更高

① Depaola, S. J., Griffin, M., Young, J. R. and Neimeyer, R. A., "Death Anxiety and Attitudes Toward the Elderly Among Older Adults: The Role of Gender and Ethnicity", *Death Studies*, Vol. 27, 2003, pp. 335-354.

② Allan, L. and Johnson, J., "Undergraduate Attitudes Toward the Elderly: The Role of Knowledge, Contact and Aging Anxiety", *Educational Gerontology*, Vol. 35, 2009, pp. 1-14.

水平的死亡焦虑（Buzzanga，Miller，Perne，Sander & Davis，1989）。自尊的焦虑缓冲功能的研究证实了，一个死亡意识在事实上确实会导致那些缺乏积极自我评价掩盖的个体的死亡焦虑。自尊是死亡意识和死亡焦虑之间的一道屏障。

3. 死亡焦虑与外部环境变量的相关研究

社会支持是个体对想得到或可以得到的外界支持的感知，这种感知能保护人们免受压力事件的影响。米勒（Miller）、李（Lee）和亨德森（Henderson）（2012）研究认为，社会支持是死亡焦虑适度的保护性因素。当个体在面对死亡的威胁时，能够通过各种社会联系来应对死亡焦虑，从而缓解心理紧张状态，提高社会适应能力。奥托姆（Otoom）、阿尔-吉希（Al-Jishi）、蒙哥马利（Montgomery）、格万梅（Ghwanmeh）和阿图姆（Atoum）（2007）研究表明，对癫痫病人的咨询治疗与社会支持能减少他们的死亡焦虑，并提升他们的生活质量。[1]

死亡焦虑的多项跨文化比较研究都显示出了文化的差异性，既体现在不同个体的文化程度上，也表现在不同国家的文化背景上。奥托姆等（2007）探讨了癫痫病和死亡焦虑之间的关系，发现患病的时间和教育水平是死亡焦虑显著的预测因子，越短的患病时间与低水平的教育和高死亡焦虑有显著的相关。这可能是因为个体接受的教育水平低，在死亡唤醒的条件下，可以寻求的精神寄托的途径更少，因而死亡焦虑水平高。艾哈迈德（Ahmed）、莱斯特（Lester）、莫尔特比（Maltby）和杰奎因（Joaquin）（2009）进行的跨文化比较研究发现，阿拉伯国家的被试者，除黎巴嫩的男性外，普遍都比西方国家的被试者有更高的死亡焦虑，这可以解释为阿拉伯群体中更高的情绪化反应，个体主义和集体主义以及国家中的现实主义的差异。[2] 同样的文化差异也会表现在不同国家同一职业的个体身上，如鲁夫（Roff）、西蒙（Simon）、克伦马克（Klemmack）和布列维奇（Butkeviciene）（2006）对美国和立陶宛的社会健康服务人员的比较研究发现，立陶宛的被试者比美国的被试者更可

---

[1] Otoom, S., Al-Jishi, A., Montgomery, A., Ghwanmeh, M. and Atoum, A., "Death Anxiety in Patients with Epilepsy", *Seizure*, Vol. 16, 2007, pp. 142-146.

[2] Ahmed, M. Abdel-Khalek., Lester, D., Maltby, J. and Joaquin, Tomás-Sábado, "The Arabic Scale of Death Anxiety: Some Results from East and West", *OMEGA-Journal of Death and Dying*, Vol. 59, No. 1, 2009, pp. 39-50.

能表达出对濒死过程的恐惧和不知道的恐惧，以及更少的死亡恐惧。这个发现表明不同的历史和死亡的环境经验也许影响了关于死亡的不同维度的焦虑。

4. 死亡焦虑与健康

身体健康状况是诱发死亡焦虑的关键刺激，受到疾病侵袭特别是不治之症时，个体往往会感受到死亡的威胁。米勒等（2012）对患有HIV/AIDS成人的死亡焦虑的研究表明，疾病相关的症状对死亡焦虑有小到中等程度的影响，这其中可能是受到了被试者年龄的调节。[①] 然而，更多的研究则进一步证实了个体的生理健康状况对死亡焦虑的影响。如桑托斯（Santos）、菲格雷多（Figueiredo）、戈姆斯（Gomes）和塞奎罗斯（Sequeiros）（2010）研究表明，有严重遗传性障碍的患者，其死亡焦虑水平更高，他们处于一种风险的关系中，这威胁到了他们的永恒意识以及心理幸福感，疾病对生命带来的威胁是挥之不去的。但疾病对死亡焦虑的影响也不是直接的，它必须通过个体的认知作用于心理。布郎斯坦（Braunstein）（2004）的研究表明，不管疾病的状态和严重性，对于所有的被试者，非合理信念能够更好地预测死亡焦虑。所以不良的生理健康状况，可能会使个体产生非合理信念，从而致使个体在面对死亡时产生了更多的焦虑。

第三节　自我超越价值观

一　自我超越价值观的概念

（一）价值观

价值观研究始于20世纪30年代。此后，哲学、教育学、心理学等学科都对价值观进行了探索和诠释，有着自己的理论范畴。《辞海》对价值观的定义是人们对人生价值的认识和根本态度，是人生观的组成部分，具有行为取向的功能。《心理学大辞典》的价值观定义是世界观、

---

① Miller, A. K., Lee, B. L. and Henderson, C. E., "Death Anxiety in Persons with HIV/AIDS: A Systematic Review and Meta-analysis", *Death Anxiety*, Vol. 36, No. 7, 2012, pp. 640 – 663.

历史观、人生观的重要内容和组成部分。在心理学领域，20 世纪 50 年代，克鲁克霍恩（Kluckhohn）（1951） 提出的价值观定义被西方心理学界普遍接受，他认为价值观是一种有关什么是值得的看法，它可能是外显的也可能是内隐的，它是个人或群体的特征，影响人们对行为方式、手段和目标的选择。① 后来，越来越多的研究者提出他们对价值观的定义。罗克奇（Rokeach）（1973） 认为价值观是一种持久的信念，是一种具体的行为方式或存在的终极状态，具有动机功能，它不仅可以对行为作出评价，还可以规范或禁止行为，对行动和态度进行指导。② 在前人研究的基础上，施瓦茨（Schwartz）（2012） 提出一个被广泛接受的定义：价值观是令人向往的某些状态、对象、目标或行为，它超越具体情境而存在，可作为在一系列行为方式中进行判断和选择的标准。③

价值观主要是后天形成的，家庭环境、学校环境、社会环境及所处工作环境等都会对自身的价值观念的形成起着重要作用。个人价值观的形成是一个漫长的过程，它会是随着知识的积累和社会阅历的积累而逐步确立起来的。个人的价值观一旦确立，一般来说会具有相对的稳定性，会形成一定的思维定势和行为定势，轻易是不会改变的。

（二） 自我超越

英文单词是 transcendence，德文是 Transzendenz。它最初是用来表达神学中有关超越经验的存在主义的一个基本的神学概念，西方存在主义哲学家雅斯贝尔斯、海德格尔把这种超越经验的存在主义哲学问题称为"最本质的存在"。海德格尔等西方哲学家把这种超越经验的存在与人的本质更加紧密地相互联系起来，他认为人的本质就是要不断超越现有界限，人能够超越自己，正是人的本质。在大多数学者看来，超越经验的存在就是对客观存在的实践主体及其所在的客观的现实社会的各种各样的关系的不断把握，是人的实践本性的表征。马克思指出"有意识的

---

① Kluckhohn, C. K. M. , " Value and Value Orientation in the Theory of Action: An Exploration in Definition and Classification", in T. Parsons & E. A. Shils, eds. , *Toward a General Theory of Action*, Cambridge, MA: Harvard University Press, 1951.

② Rokeach, M. , *The Nature of Human Values*, New York: Free Press, 1973.

③ Schwartz, S. H. , "Toward Refining the Theory of Basic Human Values", In S. Saizborn, E. Davidov, J. Reinecke, eds. *Methods*, *Theories*, *and Empirical Applications in the Social Sciences*, *VS Verlag für Sozialwissenschaften*, 2012, pp. 39–46.

生活活动直接把人同动物的生命活动区别开来"。

马斯洛（1987）把自我实现的需要作为自己研究领域的重要课题，对其进行不断完善和改进。他认为，人的需要包括缺失性的和成长性的需要两种类型，生理需要、安全需要、归属与爱的需要、尊重的需要都属于缺失性的需要；自我实现的需要则是成长性的需要。① 由于人们对现实生活环境的正确认识和自我感知或自我意识能力的缺失与不足，从而产生了一种心理上的缺失性需要。由于缺乏某种需要从而引发个体努力从环境中获取物质上的、人际关系的或者社会地位的满足。这些客观实践生活中的需要主要依赖于外界环境。作为动机的高层次需要的成长性动机主要指的是被自我实现的需要引发的动机。马斯洛曾经把这种自我实现需要的成长性动机称作超越性动机。马斯洛需要层次理论在其晚年得到重大修正，把人的需要划分为六个层次，即生理需要、安全需要、归属与爱的需要、尊重的需要、自我实现的需要和超越性需要。超越性需要也可称为成长性的需要。作为一个不断完善的理论模式，马斯洛的理论显示出从低层次需要到高层次的每一个个体的生命历程的发展过程，直到最高层次的需要就是超个人的或精神性的。但从现实生活的角度考虑不是每个人的发展都能达到需要的最高层次——自我超越，这就需要教育者的力量去不断引导和纠正。

（三）自我超越价值观

自我超越价值观来自施瓦茨等（1987，2012）的理论，他强调价值观与动机的关系，认为价值观由一组具体化的动机目标构成，而这些动机目标源自人类三种普遍的基本需要，价值观是个体在社会化和认知发展过程中对这三种普遍需要的有意识反应，因此，人类存在着跨文化、跨情境的普遍价值观结构。施瓦茨在自己理论的基础上，经过大量的研究，定义了10种不同的价值观类型，这10种价值观旨在包括世界各地文化中承认的所有核心价值观，分别是自主、刺激、享乐、成就、权力、安全、传统、遵从、仁慈和普遍主义。施瓦茨提出了对基本价值观进行划分的两个维度，开放对保守、自我超越对自我增强。维度一：开放（自主、刺激）—保守（遵从、传统、安全）；维度二：自我超越

① Maslow, A. H., *Motivation and Personality*, New York: Harper & Row, 1987.

（仁慈、普遍主义）—自我增强（权力、成就、享乐）。

自我增强价值观表达的是人们增强自己个人利益的动机强度（有时甚至不惜牺牲他人利益），自我增强价值观更多的是关注自身利益，更容易做出能使自身提高、完善自我的行为。自我超越价值观表达的是人们超越狭隘，关怀、提升他人（不论远近）福祉，保护大自然的动机强度，自我超越价值观更多地超越了对自身利益的关注，他们把自身利益与更大的群体相结合，认为群体的利益更为重要，更容易做出帮助他人、关心集体的行为。从概念上看，自我增强价值观与自我超越价值观似乎是完全对立的，但两种相对价值观之间并不是反义词，只是各自背后的动机是对立的。因此，两种价值观都有可能对同一行为起促进作用。

超越自我的关注，对他人给予关怀的这种道德倾向，女性主义心理学家吉利根（Gilligan）（1982）也提出，她认为科尔伯格的道德是男性的道德，仅仅关注于正义的问题；虽然女性也关注正义的问题，但是女性比男性更加注重关怀（care）的问题。[①] 吉利根认为，道德的公正取向关注不平等和压迫问题，它坚持互惠及相互尊重的观念；而关怀取向关注的是分离和遗弃问题，它提倡注意他人需要并对他人需要做出反应的观念。因此，女性的道德沿着两条路径发展：一个是正义的伦理：一个是关怀的伦理，而且关怀不可能起源于正义。海蒂（Hadit）（2008）在前期道德心理学的基础上，从进化心理学的视角出发，建构一个理论使进化论和人类学的研究方法能够与道德判断相结合。[②] 认为人类的先天和普遍的道德基础有：伤害/关爱（Harm/care）、公平/互惠（Fairness/reciprocity）、内群体/忠诚（Ingroup/Loyalty）、权威/尊重（Authority/respect）和纯洁/神圣（Purity/sanctity），并认为道德基础是我们的祖先长期以来面对适应性挑战的反应。五种道德的基础为伤害/关怀：这个基础与我们作为哺乳动物长期进化来的依恋系统有关，是一种感受（和厌恶）他人痛苦的能力，成为善良、温顺和抚育这些美德

---

① Gilligan, C., *In a Different Voice: Psychological Theory and Women's Development*, Cambridge, Mass: Harvard University Press, 1982.

② Haidt, J., "Morality", *Perspectives on Psychological Science*, Vol. 3, No. 1, 2008, pp. 65-72.

的基础。公平/互惠的基础：这个基础与互惠的利他主义的进化过程有关，形成正义、权力、自治的概念。内群体/忠诚的基础：这个基础与我们从部落文化到联盟的悠久历史有关，是爱国主义和为群体自我牺牲的基础。权威/尊重的基础：这个基础形成于灵长类动物的社会交往等级，是领导力和追随力的基础，包括顺从合法权威，尊重传统。纯洁/神圣的基础：这个基础形成于厌恶和玷污心理学，以更高尚、更少的肉欲和更高贵的方式生活的宗教观念为基础。

二 自我超越价值观的测量

施瓦茨等（1992）基于人类动机的基础价值观理论开发出了三个测量工具。[①] 第一个是价值观调查问卷（Schwartz Values Survey, SVS），包括 57 个项目，被试者根据每个价值观对自己生活指导的重要程度进行-1—7 的 9 级评分，其中-1 表示违背被试者的价值观；第二个是肖像价值观问卷（The Portrait Values Questionnaire, PVQ），主要针对 11 岁以上的儿童和未接受过西方抽象、自由想象思维课程教育的成人，包括 40 个项目，被试者根据题目与自己的相似程度从一点也不像我到非常像我做 6 级评分，如对帮助周围的人对 ta 很重要，ta 关心周围人的身心健康。对此项目进行评分，描述了一个认为慈善价值观重要的人，被试者根据描述的人与自己的相似程度进行评分。问卷共有 10 个因子，可分为开放对保守、自我增强对自我超越两个维度；第三个是欧洲社会调查问卷（The European Social Survey, ESS），是在 PVQ 基础上发展起来的调查欧洲人态度、信念和行为模式的价值观量表，它包含了 PVQ 中的 21 个项目。

格雷厄姆（Graham）等（2009）编制的道德判断项目（Moral Judgment Items）量表。[②] 该量表由 20 个项目 5 个因素构成，分别是：伤害/关爱；公平/互惠；内群体/忠诚；权威/尊重；纯洁/神圣。该问卷采用

① Schwartz, S. H., "Universals in the Content and Structure of Values: Theoretical Advances and Empirical Tests in 20 Countries", In M. P. Zanna, ed., *Advances in Experimental Social Psychology*, Amsterdam: Elsevier, 1992, pp. 1–65.

② Graham, J., Hadit, J. and Nosek, B. A., "Liberals and Conservatives Rely on Different Sets of Moral Foundations", *Journal of Personality and Social Psychology*, Vol. 96, 2009, pp. 1029–1046.

7 点评分法，从"非常不同意"到"非常同意"。海蒂（2009）提到该问卷每个维度的 Cronbach's alpha 系数分别为：0.50（伤害），0.39（公平），0.24（内群体），0.64（权威），0.74（纯洁）。

目前对自我超越价值观的测量主要包含在一些综合测量价值观的问卷之中。如由金盛华等（2009）编制的《中国人价值观量表》，其中包含"公共利益"维度，通过测量对社会、国家、自然环境的关心程度来测量公共利益维度，共 7 个题项，如"任何时候都不应该因为自己的利益而不顾公共利益"。[①] 徐华春，黄希庭等（2008）编的《青年人生价值观问卷》包含"社会公益取向"，是指乐于奉献，重视集体利益，遵守规范等，共有 5 个题项，如"能最大程度地贡献社会是我的目标"。[②]

三　自我超越价值观的相关研究

（一）　自我超越价值观与人格

路易斯（Lewis）和贝茨（Bates）（2011）测量了大五人格特质（严谨性、外向性、开放性、宜人性、神经质）、道德五基础和政治意识形态，发现在伤害/关怀、公平/互惠基础与高开放性、神经质和宜人性有关；内群体/忠诚、权威/尊重、纯洁/神圣与高尽责性和外倾性有关，与神经质无关。在一项大群体样本研究中，那些在非诊断精神变态特质的测量中得分越高的个体在道德五基础问卷测量中更少关注关怀和公平（Glenn, Iyer, Graham, Koleva & Haidt, 2009）。

道德五基础不仅仅与考察被试者自己的人格有关，还与人们推测别人有何特质有关。克利福德（Clifford）（2012）发现，在描述政客时道德基础的得分可以预测相关特质的可得性。比如，关怀得分与能让人想起与伤害有关的特质是正相关的，如友好和同情心。一个政客对一个事件的立场会与个人的立场产生交互作用，影响与该立场相关的道德基础的特质推论，比如，如果一个人由于对伤害的关注而反对死刑，他会把支持死刑的政客评价为低伤害特质。

---

① 金盛华等：《当代中国人价值观的结构与特点》，《心理学报》2009 年。
② 徐华春等：《中国青年人生价值观初探》，《西南大学学报》（社会科学版）2008 年第 5 期。

（二）　自我超越价值观与态度

海蒂和格雷厄姆（2007）指出道德五基础理论可以帮助解释政治偏见。海蒂和格雷厄姆（2007）预测自由党比保守党更依赖伤害/关怀基础（支持自治道德话语），而保守党更依赖忠诚/权威和纯洁/神圣基础（支持群体和神性道德话语）。研究支持了他们的预测（Graham，Haidt & Nosek，2009）。格雷厄姆（2011）调查了人们是喜欢或不喜欢与道德五基础相关的社会群体的成员。共调查了27个社会团体，包括美国公民自由协会（公平）、警察（权威）和处女（纯洁）。他发现，在控制了政治意识形态后，被试者对这些群体的态度是可以由他们相应的道德基础来预测的。也就是说，知道一个人的道德五基础就可以推测出他们对某个社会团体的偏见。该研究解释说明了社会和道德判断之间的紧密关系。

格雷厄姆（Graham）、诺塞克（Nosek）和海蒂（Haidt）（2011）使用道德五基础理论测量了自由派和保守派对彼此所持的道德偏见。[①]通过道德五基础问卷的得分将被试者分为中立派、典型自由派和典型保守派。研究发现，典型自由派在伤害/关怀、公平/互惠的得分高于典型保守派；典型保守派在内群体/忠诚、权威/尊重和纯洁/神圣的得分高于典型自由派。然而，被试者对这些差异的估计是言过其实的。事实上，典型自由派和典型保守派所报告的不同基础得分上的差异，显著大于所观察到的最极端的党派中的实际差异。虽然自由、中立和保守的被试者都夸大了这种偏见，他们在不同程度上都是存有偏见的，而自由派比保守派和中立派在估计五种道德基础时，更加夸大了政治党派的偏见。更重要的是，保守派在估计自由派多大程度上重视公平和伤害时是相对准确的，但是自由派却会低估保守派对公平和伤害道德基础的重视。

在一项网络研究中（N＝24739），他们使用道德五基础问卷的分数来预测被试者在20个热点问题上道德的不赞成和态度，比如同性婚姻、堕胎、拷打和亵渎国旗等。研究发现，即使剔除参与者的意识形态、性别、宗教信仰和其他人口统计学变量之后，道德五基础问卷分数能够预

---

① Graham, J., Nosek, B. A., Haidt, J., Iyer, R., Koleva, S. and Ditto, P. H., "Mapping the Moral Domain", *Journal of Personality and Social Psychology*, Vol. 101, No. 2, 2011, pp. 366-385.

测被试者在这些问题上的态度。研究还发现纯洁道德基础是最能预测大多数事件的基础。例如，忠诚道德基础得分高的人会更加爱国和倾向于保护国旗不受亵渎，但是纯洁道德基础的得分更加有预测力。这意味着，使用道德五基础理论这种方法的优势，在于该理论帮助我们理解为什么一个人会对看似相同的道德问题持有不同的态度。例如，尽管堕胎、安乐死、死刑都会唤起生命的神圣感的辩论，纯洁基础可以预测对堕胎、安乐死的反对抗议，关怀基础可以预测对于死刑的反对抗议。这有助于解释为什么自由派在纯洁道德得分非常低，他们并不都反对堕胎和安乐死，却反对死刑（Koleva et al.，2012）。

（三）自我超越价值观与亲社会行为

价值观对亲社会行为的影响也一直受到人们的广泛关注。施瓦茨认为，个人规范可以很好地解释为什么价值观对亲社会行为有影响。当遇到需要帮助的人时，个体会产生一种义务感或者责任感，这种感觉取决于他们认为帮助他人这种行为是否可以促进自己价值观的实现，如果可以，个体就会做出亲社会行为。施瓦茨（2010）进一步分析了他的十个价值观与亲社会行为的关系发现：在自我超越维度中，仁慈和普遍主义都可以促进亲社会行为；自我增强维度中安全和权力价值观会抑制亲社会行为，成就价值观与追求社会认同有关，在可以引发公众积极评价的情况下促进亲社会行为。[①]

除了价值观对行为的直接影响，还有人研究了价值观与行为之间的中介和调节变量。研究发现，生活方式、态度等在价值观与行为之间起中介作用（Bruns, Scholderer & Grunert, 2004；Poortinga, Steg & Vlek, 2004），人格、情境等在价值观与行为之间起调节作用（Verplanken & Holland, 2002）。巴尔迪（Bardi）和施瓦茨（Schwartz）（2003）对于自我超越价值观与利他行为之间的低相关进行了解释，他认为社会规范在其中起到了重要的调节作用。[②] 自我超越价值观是可以预测亲社会行为的，但是外部的社会压力等变量可能会影响这种关系，促使个体表现

---

① Schwartz, S. H., "Basic Values: How They Motivate and Inhibit Prosocial Behavior", In M. Mikulincer & P. R. Shaver, eds., *Prosocial motives*, *Emotions and behavior*: *The better angels of our nature*, Washington, D. C., : American Psychological Association, 2010, pp. 221-241.

② Bardi, A. and Schwartz, S. H., "Values and Behavior: Strength and Structure of Relations", *Personality and Social Psychology Bulletin*, Vol. 29, No. 10, 2003, pp. 1207-1220.

出与价值观相矛盾的行为。

第四节　生命意义感

一　生命意义感的概念

生命意义是个古老而深刻的概念。意义从哪里来？意义的广度多样性？意义的深度量有多少？对于不同的人和不同的情境来说，都会产生不同的意义。当个体为实现目标不懈奋斗时，当个体领悟到生命代表或者象征着某些事物时，都可能会体验到生命的意义。加强对生命意义感来源的了解是对生命意义感进行干预过程中至关重要的一个环节。不同学者对生命意义的界定提出不同的看法和理解。

生命意义用英文可以表述为：the Meaning of Life，Meaning in the Life 或 Personal Meaning。生命意义原本是哲学领域内的一个研究命题，弗兰克尔是首个提出生命意义这一概念的心理学家。弗兰克尔（1963）提出生命意义具有一定的个体独特性和时间情境性，是个体在特定时间内生活的特定意义，每个个体在他的生活里都有需要完成的、特定的事业或使命。他认为人类最基本也是最重要的动机即是"求意义的意志"，这个动机的压抑将导致个体产生"存在性的空虚"。弗兰克尔认为，生命意义有助于克服心灵性神经官能症（Noogenic neurosis），即以冷漠、乏味和无目标为特征的心理病态。弗兰克尔由此创立意义疗法，强调意义在治疗中的作用。弗兰克尔认为意义是每个人存在的问题，但不同的人有不同的生命意义，就是同一个人在不同时间和不同条件下也会有不同的生命意义。弗兰克尔将人分为两个极端：一端是对生活充满希望，充分肯定人存在的终极意义，之后建立现实的生死观，不断地超越自我，实现存在的意义和价值；一端是受到"存在空虚"（Existential Vacuum）的困扰，缺乏生活的目标，对生活失去希望。弗兰克尔认为对意义的寻求是生命的原始动力。它表现在对生活意义的理解之中。如果个体想要获得存在的终极意义，就必须超越自我，积极探索生命的意义。生活不能允诺给我们快乐，却给予我们发现意义的机会。因此弗兰克尔说"寻求意义是人生中的主要动机……这个意义是独特而具体的，必须且只有他本人才能理解。只有当意义显现出来的时候，才能满足他自己的意义意志"（Pirtle，2008）。[①]

弗兰克尔本人并未对生命意义进行界定，后来的研究者根据存在主义以及意义疗法的基本理论，对生命意义进行了诠释。亚隆（Yalom）（1980）将生命意义分为两种，一种是个人的意义，也被称为世俗的意义，指个体对其生命的目的和价值的一种主观体验，或者是态度上的超越；一种是宇宙的意义，指的是某种外在的、超越个人的、宇宙中恒久不变的规律。[②] 雷克尔（Reker）（1988）认为生命意义是指个体感受到自己存在的和谐感、秩序感和目的感，是追求有价值的人生目标并且努力完成之后的一种完满的感觉。鲍迈斯特（Baumeister）（1991）认为生命意义是个体在满足了所有的基本的需求之后产生的一种主观体验。这些基本需求包括对目标的需求、对自我价值的需求、对自我效能感的需求及对公平的需求。

王（Wong）（1998）则把生命意义称为个体基于文化背景下所构建的一种认知系统，并且认为这个认知系统会影响个体对活动和目标的选择，并且赋予生活是否有目的、有价值的一种情感体验。它包括认知、情感和动机三个成分。认知成分受特定的文化背景和个人生活经历的影响，指的是个人的信念系统；情感成分指个人对自己所参与的有价值的活动，对所追求的理想目标的过程和结果的一种满意程度；动机成分包括个体积极追求目标和参与个人认为有价值的活动。

斯蒂格（Steger）（2006）在总结前人研究的基础上，认为生命意义是人们存在的意义感和对自我重要性的感知，如果个体缺失生命意义，便会陷入一种枯燥无味、令人颓废的状态，生命意义包括意义寻求（Search For Meaning）和意义存现（Present of Meaning）两方面。意义寻求指的是个体对生命意义积极寻找的程度。[③] 人只有积极地寻找生命

① Pirtle, T., "Meaning in Life Among Latino University Students: Perceptions of Meaning in Life Among First-semester Latino University Students", *International Journal of Existential Psychology & Psychotherapy*, Vol. 2, No. 1, 2008, pp. 1-8.

② Yalom, I. D., *Existential Psychotherapy*, New York: Basic Books, 1980.

③ Steger, M. F., Frazier, P., Oishi, S. and Kaler, M., "The Meaning in Life Questionnaire: Assessing the Presence of and Search for Meaning in Life", *Journal of Counseling Psychology*, Vol. 53, No. 1, 2006, pp. 80-93.

意义，才能在此过程中获得真正的快乐与满足，才能真正拥有有意义的人生。意义存现，即个体所拥有的意义，代表个体内在精神自我的状态，也被人们称为生命意义感，是人对自己是否活得有意义的感受程度。

国内学者何英奇（1987）认为生命意义感是人知觉并感觉到自己生命的意义和目的的程度。[①] 因此，大多数研究者都认为生命意义感应该包括个体对生命赋予的目标和方向的认知和感受，以及在实现目标过程中所体会到的存在的价值感。

二　生命意义感的测量

生活目的测验（Purpose in life，PIL）是目前最为广泛使用的一个生命意义量表。此量表是由克拉姆堡（Crumbaugh）和马霍利克（Maholick）（1964）基于弗兰克尔生命意义的概念发展而来的，它主要用来测量个体发现生命意义和目的的程度。量表采用7级计分。一共含有20个条目，每个条目都是使用两极形容词进行评价，例如：我常觉得：非常无聊（1）——充满活力（7）。该量表具有良好的信度，但其效度一直受到很多批评（Reker & Fry，2003）。台湾学者宋秋蓉（1992）对此问卷进行了修订，包含20个题目，共5个维度：生活目的、生命的热诚、未来期待、自主感、逃避，因其研究对象为青少年，所以该量表被命名为青少年生命意义感量表。[②] 问卷采用7级计分，得分在20—140之间，得分越高表明其生命意义感越高，而且得分在92以下表示其生命意义感较低，得分在112分上表示其生命意义感较高。

生命观指数量表（The Life Regard Index，LRI）包括两个分量表：一是测量架构的分量表，指个体通过有意义的生命架构或者生命目标来理解自己存在的目的；二是测量完满的分量表，指个体意识到架构之后随之出现的完满的感觉（Battista & Almond，1973）。两个分量表分别测量生命意义的认知成分和情感成分。量表采用5级计分，从1到5分别

---

① 何英奇：《大专学生之生命意义感及其相关意义治疗法基本概念之实证性研究》，《台湾教育心理学报》1987年第20期。

② 宋秋蓉：《青少年生命意义感之研究》，硕士学位论文，国立彰化师范大学辅导研究所，1992年。

代表不同意、比较不同意、不确定、比较同意、同意。每个分量表包含
14 个条目，一半正向计分，一半反向计分。斯蒂格等（2007）研究发
现，LRI 信度较好，但同时也面临因素结构不清晰，与其他相关概念重
叠过高等问题。[1]

生命意义问卷（Meaning of Life Questionnaire，MLQ）包含两个分量
表：存在分量表和寻求分量表（Steger，Frazier，Oishi & Kaler，2006），
前者测量个体主观感受到的自己的生命意义的程度，包括 5 个条目；后
者测量个体寻找自己生命意义的程度，也包括 5 个条目。量表采用 7 级
计分，从 1 到 7 分别代表完全不同意、基本不同意、有点不同意、不确
定、有点同意、基本同意、完全同意。研究显示，两个分量表都具有良
好的内部一致性信度、重测信度和较为稳定的两因素结构。北京大学心
理学系的刘思斯与甘怡群（2010）对此量表中文版进行了信效度检验，
结果较好。除了第 10 个项目外，其他都符合测量学要求，因此，修订
后的量表包含 9 个项目。[2]

生命意义源量表（Source of Meaning in Life Scale，SML）是由普拉
格（Prager）等人（1997）用定性和定量混合的方法发展而来的。[3] 该
量表包括家庭关系、家庭和社会价值观、物质观、自我发展、休闲活
动、与动物相处、与伴侣的关系等 11 个维度。结果显示，SML 避免了
文化之间差异的影响，效度较好。但是其中有些维度显得冗杂和重复，
比如家庭关系、人际关系和伴侣关系这 3 个维度可以合并为关系这一个
维度。

个人生命意义量表（Personal Meaning Profile，PMP）是由王
（Wong）于 1998 年编制而成。他根据内隐理论，通过开放式调查问卷
去探索一般人对生命意义的内部原型的结构，从而编制出了个人生命意
义感量表。此量表包括人际关系、宗教、成就、关系、亲密感、超越和
公平待遇 7 个维度，一共包含 57 个条目。PMP 量表的信效度较好，但

---

① Steger, M. F. and Kashdan, T. B., "Stability and Specificity of Meaning in Life and Life Satisfaction over One Year", *Journal of Happiness Studies*, Vol. 8, No. 2, 2007, pp. 161–179.

② 刘思斯等：《生命意义感量表中文版在大学生群体中的信效度》，《中国心理卫生杂志》2010 年第 6 期。

③ Prager, E., "Sources of Personal Meaning for Older and Younger Australian and Israeli women: Profiles and Comparisons", *Aging and Society*, Vol. 17, 1997, pp. 167–189.

鉴于不同文化环境下个人生命意义的特点和结构有所不同，所以 PMP 量表的编制方法值得借鉴，而其在国内的适用仍有待商榷。

摩根（Morgan）和华塞德（Farsides）（2009）编制了有意义的人生问卷（Meaningful Life Measure，MLM），他们直接以 PIL 和 LRI 问卷的题目为基础，用新的测量方法，重新编订了问卷，修订后的问卷包括 5 个维度：生命价值、生活信念、生活热情、生命目的和生活成就，包含 23 个题目。问卷采用 7 级计分，总分越高，表示其生命意义感越强。①

国内也有很多学者编制了自己的生命意义量表。何英奇（1987）编制了《生命态度剖面图》（The Life Attitude Profile，LAP），该量表主要用于国内的意义治疗理论的研究。量表共有 39 个问题，问卷有"生命意义的追寻与肯定"和"存在的超越"两个较高层次的维度和死亡接纳、寻求意义的意志以及存在、充实、无挫折等 6 个具体维度。

李虹（2006）编制了《自我超越生命意义量表》，量表中题目编制基于以下两个基础：一是对自我超越生命意义这一概念的界定和操作定义；二是深度访谈而来的研究成果。该量表共有 8 个测量题目组成，是一种 4 级分数量表，问卷信度与效度均良好。② 刘丽君（2009）对湖南地区学生进行研究调查，编制了《中学生个人生命意义问卷》，问卷包括生活态度、自主性、一般关系、目标追求及未来期待、亲密关系、经济状况、生命态度、长辈关系 8 个维度。叶景阳（2015）对于广东地区中学生进行研究和调查，编制了《青少年生命意义问卷》，这个量表包括生命态度与死亡接纳、人际关系、自我超越等 6 个维度。

三　生命意义感的相关研究

（一）生命意义感的理论研究

随着生命意义的研究话题慢慢地进入心理学家的研究视野，心理学家试图并努力将这一概念从哲学中分离了出来，转而更加强调人们主观

---

① Morgan, J. and Farsides, T., "Measuring Meaning in Life", *Journal of Happiness Studies*, Vol. 10, No. 2, 2009, pp. 197–214.

② 李虹：《自我超越生命意义对压力和健康关系的调查作用》，《心理学报》2006 年第 3 期。

感受到的最重要的、个体本身的、具体的价值，以及个体对人生目的或人生重要事件的价值体验（程明明，樊富珉，2010）。基于这些心理学角度下不同的生命意义的概念，生命意义的理论研究也发展出了包括存在心理学取向、动机与人格取向、相对主义观点取向和积极心理学取向等不同理论取向的研究（毛天欣，2016）。

1. 存在心理学取向

存在主义的取向强调人的生命是让个体所经历的人生充满意义，并担负起相应责任的一个过程。弗兰克尔是在心理学领域中第一个提出生命意义的心理学家。他认为人的原始促动力是人对意义的努力探索，并因此发展出了意义治疗学说（刘翔平，1999）。[①] 弗兰克尔指出，个体的生命包括身体层面、心理层面和精神层面这三个层面。精神层面最主要的内涵就是求意义的意志、求意志的自由和寻求生命的意义。个体最基本的动机即是寻求生命的意义；个体不管在任何境遇下都会努力寻求，并且最终都能找到属于自己的独特的生命意义；个体的生命意义虽然都是独特的但并不是既定的，每个人都要在其人生道路上寻找到其独特的使命并且努力完成它。亚隆（1980）认为生命意义主要包括两种：一种是超乎于普遍生命存在的宇宙意义，另外一种是个体主观体验到的完全世俗的个人意义。雷克尔等（2003）则认为生命意义包括个体拥有人生目标并且向着目标努力奋进的动力，也包括个体对所经历过的人生事件所持有的主观感受和价值观。[②]

2. 动机与人格理论取向

马斯洛（1987）提出了需要层次的动机理论。该理论有 3 个假设：个人是一个统一的、有组织的整体；人类的需要是一种似本能的需要；人类的终极目标是基本需要。[③] 基本需要包括：生理需要、安全需要、归属和爱的需要、尊重需要、认知需要、审美需要、自我实现的需要。自我实现包括两层含义：一是作为一种人格的自我实现，二是作为一种

---

① 刘翔平：《寻找生命的意义——弗兰克尔的意义治疗学说》，湖北教育出版社 1999 年版。

② Reker, G. T. and Fry, P. S., "Factor Structure and Invariance of Personal Meaning Measures in Cohorts of Younger and Older Adults", *Personality and Individual Differences*, Vol. 35, No. 5, 2003, pp. 977-993.

③ Maslow, A. H., *Motivation and Personality*, New York: Harper & Row, 1987.

基本需要或动力的自我实现。马蒂（Maddi）（1970）认为对意义的追寻主要有两方面的原因：一是源于个体先天本能的倾向，二是受到后天生活环境的影响。个体的独特性使得个体拥有生命意义，同时使个体感觉到能够强有力地掌握自己的命运。鲍迈斯特（1991）假设人们有"活地有意义"这样的需要。他提出了个体获取意义的四种需要，即获得目的感的需要、培养自我效能感的需要、澄清自我价值观的需要以及拥有自我价值感的需要。并且指出，这四种需要是即个体寻找生命意义的动机所在。如果这些需要都能够得到满足，那么个体便会感受到生命充满意义；如果需要得不到满足，个体便会产生挫折感，导致萎靡不振、情绪不稳等。

3. 相对主义观点取向

相对主义的观点的本质是：产生信念，获得意义。这个观点是由巴蒂斯洛（Battista）和阿尔蒙德（Almond）（1973）总结了许多不同理论取向的论述后所提出的。它强调不管什么样的信念体系都能够帮助并指导个体获得生命的意义；同时认为生命意义感就是个体对人生的无条件积极关注的程度，以及对人生理想和生活目标的坚信程度。① 在相对主义观点的支持者看来，如果一个人坚信自己的生命是有意义的，那么在某种程度上可以表示，这个人正在形成一些类似于"生命是有意义的"的信念，从这些信念中可以产生个体独特人生的目标以及使其努力完成这些目标的动力，个体只有在经历这样的过程中才能获得一种生命的意义感。相对主义的观点提出了一种心理科学的分析框架。它强调个体获得积极的生命意义的决定因素是信念产生的过程，而并非信念本身的内容，这一观点对发展积极的生命意义具有重要作用。

4. 积极心理学取向

21 世纪初，积极心理学作为一个新的研究领域开始兴起，生命意义也进入了其研究视野。积极心理学是心理学的一种新的理论结构与补充，它提倡心理学要以人固有的、潜在的建设性力量以及美善为出发点，用一种积极的心态解读人的心理现象，最大限度地挖掘自己的潜力，获得美好的生活。斯蒂格等（2006）特别强调个体对自己活得是

---

① Battista, J. and Almond, R., "The Development of Meaning in Life", *Psychiatry*, Vol. 36, No. 4, 1973, pp. 409-427.

否有意义的主观感受程度和个体对意义的积极寻找的程度。他认为个体只有积极地去寻找生命的意义，才能在这个过程中获得真正的满足和快乐，也才能够真正拥有"有意义的人生"。王（2008）提出了"意义管理理论"，他认为意义管理的主要内容是人们的内心世界；意义管理的对象是人们所有的恐惧与希望、记忆与梦魇、怀疑与信任及人们经历的种种意义等。个体通过管理来发现希望和快乐，从而获得一种满足感和意义感。①

（二）生命意义感的实证研究

1. 生命意义感与人口学变量的相关研究

到目前为止，不同性别对生命意义感是否有影响没有一致的结论。一些学者认为不同性别对生命意义感的追寻没有显著的差异（宋秋蓉，1992；陈秀云，2007；赵晴，2008）。其他学者得到不一样的研究结果，塞卡（Zika）和张伯伦（Chamberlian）（1987）的研究结果显示生命意义感在性别上有显著差异。甚至这种差异的结果也不同，有研究发现相比女生，男生对生命意义感的追寻更强（何英奇，1987；刘明娟，2009；张蓓，2011）。郝宇欣（2015）以河南省商丘市高中生为对象，研究结果显示男生的生命意义感总分高于女生得分，存在显著性别差异。余祖伟等人（2014）以广州、阳江两市1500名初一到高二年级学生为样本，发现生命意义感在性别上达到显著差异，并且女生的生命意义感高于男生。②

很多研究表明，不同的人生阶段对生命意义感的追寻是不同的。有的学者认为个人对生命意义感的追求会随着年龄的增长而增长（Meier & Edwards，1974）。但是也有研究结果表明，弗兰克尔（1986）指出青春期是最容易质疑生命意义的年龄。国外有研究发现13—29岁的青少年具有更强的动机使未来的生活变得更有意义（Meier & Edward，1974）。也有研究者发现16—19岁的青少年与其他年龄组相比具有更强的追寻生命意义感的动机（Reker & Chamberlain，2000）。与以上结果

---

① Wong, P. T. P., "Meaning Management Theory and Death Acceptance", in A. Tomer, G. T. Eliason and P. T. P. Wong, eds., *Existential and Spiritual Issues in Death Attitudes*, Mahwah, NJ, US: Lawrence Erlbaum Associates Publishers, 2008, pp. 65-87.

② 余祖伟等：《中学生乐观与生命意义的关系：自我概念的中介作用》，《广西师范大学学报》（哲学社会科学版）2014年第1期。

不一样的是，也有一些学者认为不同的年龄对生命意义感的追寻没有显著的差异（宋秋蓉，1992）。何郁玲（1999）的研究发现不同年龄的教师对生命意义感的知觉明显不同。[①]

国内外学者还对宗教信仰和生命意义感的关系进行了研究，大多数研究发现信仰和生命意义感之间存在显著的相关（张琴，2012）。一些研究者认为宗教信仰和生命意义感之间有显著的相关，而且对宗教信仰越虔诚，生命意义感就越强烈（何郁玲，1999；何英奇，1979）。邱哲宜（2004）也发现宗教信仰不同的个体的生命意义感存在显著差异。曹艳丽（2007）的研究也显示宗教信仰的差异会影响中学生生命意义感与自杀态度。但是，也有部分研究者的研究发现有无宗教信仰与生命意义感之间关系并没有显著差异（江慧钰，2001；陈秀云，2007）。

也有研究者对社会经济地位与生命意义感展开研究（崔承珠，2016）。经济水平较高的个体，生命意义感较强（郑朝武，2005）。但是国内学者宋秋蓉（1992）和江慧钰（2001）的研究发现，不同的社会经济水平对生命意义感的追寻并没有显著差异。

2. 生命意义感与个体内部因素

研究者对自我与生命意义感做了大量探讨，研究结果发现与自我认同感高的人相比，自我认同感低的人明显体验到较多的无意义感（孔祥娜，2005）。陈秀云（2007）研究也显示大学生自我认同状态对大学生个人生命意义有重要的影响。由此可见，自我认同发展也是影响生命意义感的重要因素。周娟（2008）的研究显示，自我和谐程度与生命意义感呈正相关。[②]自我概念清晰性（Self-Concept Clarity，SCC）是自我概念的结构特征，指个体的自我概念的内容（如个体觉察到的自我特征）能够被个体清晰确定、体会到内在的一致性和时间上稳定性的程度，研究发现自我概念的清晰性可正向预测生命意义感，基本心理需要满足在其中发挥重要的中介作用（聂晗颖、甘怡群，2017）。

3. 生命意义感与外部环境因素

在对家庭环境与生命意义感的关系研究中，不和睦的家庭环境，比

①　何郁玲：《中小学教师职业倦怠，教师效能感与生命意义感关系之研究》，硕士学位论文，国立彰化师范大学教育研究所，1999年。
②　周娟：《高职学生生命意义与自我和谐的相关研究》，《中国成人教育》2008年第8期。

如爱的缺失、家庭破碎等都会影响青少年对生命意义感的追寻。国内学者的研究发现融洽的家庭气氛会促进学生对生命意义感的追寻（陈秀云，2007；江慧钰，2001）。众多研究表明，不同类型的家庭教养方式对中学生生命意义感的影响较大。刘明娟（2009）的研究发现，在民主型家庭教养方式下成长的学生，其生命意义感的得分高于严厉型家庭教养方式的学生，后者的得分又高于溺爱型家庭教养方式的学生。巫文琴（2014）的研究表明，该因素对高中生的生命意义感影响较大，民主型家庭的孩子生活目标感更高，比严厉型家庭的孩子和溺爱型家庭的孩子得分高。也有研究发现家庭教养方式对高中生的生命意义感不能起到独立影响作用，它与父母关爱程度等其他因素共同影响其生命意义感（钟乃良，2015）。

负性生活事件不利于中学生生命意义感的发展，例如在学校中受惩罚、被同学欺负、不公正对待、人际关系不佳等；而社会支持则有助于其生命意义感的发展，如得到同学、朋友、老师、亲人的关爱与安慰等。奥哈根（Auhagen）（2000）的研究表明社会关系是一个人生命意义感来源中的一个重要途径，失去一段社会关系会影响个体生命意义感的获得，甚至导致个体的无意义感受。[①] 宋秋蓉（1992）对生命意义来源的研究中发现，"关系"是所有年龄群体在谈论生命意义来源时经常被提到的，这里说的"关系"包含对朋友、爱人的人际关系等。朱伊文（2008）的研究结果发现，小学高年级学生对父母依恋等品质越高，则其生命意义感越高。小学高年级学生与同学关系、与朋友关系、与家人关系及与师长关系等关系越佳，则其生命意义感就越高。满意的人际关系有助于在校研究生对生活目的和意义感的获得（郑朝武，2005）。中学生的消极生活事件越多，意义感越低；而社会支持越多，生命意义感越强（诸晓，2012）。

4. 生命意义感与健康

很多理论家认为生命意义对心理幸福感是不可缺少的（Bhattacharya，2011）。大量研究表明生命意义感与身心健康之间存在密切的关系。塞卡和张伯伦（1992）的研究表明，生命意义感与身体

---

① Auhagen, A. E., "On the Psychology of Meaning in Life", *Swiss Journal of Psychology*, Vol. 59, 2000, pp. 34-48.

健康呈显著的正相关，能够预测个体的身体健康程度。[1] 生命意义感与抑郁和焦虑呈负相关（Ishida & Okada，2010）。拥有生命意义感有助于个体做出适应性行为（Park & Folkman，1997），而缺乏意义感会导致个体依靠物质滥用或者自杀来填补内心的空虚以及混乱（Klinger，1977）。国内学者的研究也发现生命意义感与心理健康程度密切相关（赵晴，2008；李旭，卢勤，2010）。自我超越的生命意义可以对应激条件下的忧郁情绪起到调节作用（李虹，2006）。

许多研究也都表明生命意义感与生活满意度密切相关，生命意义感越低，生活满意度也越低。例如，塞卡等（1992）的研究表明，生命意义感与生活满意度呈正相关，生命意义感有助于提高生活满意度。国内学者的研究大都与国外的研究一致，即生命意义感与生活满意度呈正相关（肖蓉等，2009）。高娟等人（2014）也发现，大学生生活满意度越高，其生命意义感越高，并且生活满意度是生命意义感的一个重要来源。胡天强，龚玲等人（2014）研究同样发现，生命意义可以对大学生的生活满意度进行正向预测。生命意义感不仅对生活满意度有直接预测作用，还可以通过个体的应对方式起间接预测作用（赵丹等，2014）。此外，生命意义与主观幸福感呈显著正相关，提高主观幸福感将改善大学生的生命意义感（陈秋婷，李小青，2015），生命意义感水平越高，幸福感状况越好，前者可以促进后者（肖蓉，张小远，赵久波，2010）。

第五节　敬畏

一　敬畏的概念界定

敬畏是一种古老的情绪，可以追溯到人类祖先。原始人类对生存环境的依赖性很强，完全依赖从自然界获取水和食物以维持生命。环境中的不利因素，如洪水、干旱、雷电等，直接威胁到人类生存，并且当时人无法解释风雨雷电、潮水、黑夜等一系列自然现象，认为有"神灵"

---

① Zika, S. and Chamberlain, K., "On the Relation Between Meaning in Life and Psychological Well-being", *British Journal of Psychology*, Vol. 83, No. 1, 1992, pp. 133–145.

掌握神秘莫测的自然现象，并将其视为绝对权威，向其祈求庇佑，产生最原始的敬畏，并且这种敬畏逐渐转向人类社会的权威领导者。因此，原始敬畏表现为对权威与权威领导者的服从体验，这种服从体验在人类社会发展过程中，在一定程度上起到巩固社会阶层、维持社会稳定的作用，对人类生存具有适应性功能（Keltner & Haidt，2003；董蕊，彭凯平，喻丰，2013）。①

随着人类社会的发展与科学技术的进步，敬畏的含义也逐渐发生改变。敬畏不再局限于人们面对权力、权威或是上帝、宗教时的情绪反应，它已经泛化到其他与"力量"有关的刺激（Kellner & Haidt，2003），并且，敬畏也由原始的盲目崇拜与宗教迷信渐渐转向基于理性、有人类实践经验基础的对象，比如，自然、生命、法律、制度、精神信念及伟大的人类创造等（王克，2016），② 这些事物的共同点是让人觉着带有某种"神圣感"或具有个人难以企及的巨大力量。

"敬畏"一词，在《史记》中已有出现。《史记》记载："乃命于帝庭，敷佑四方，用能定汝子孙于下地，四方之民罔不敬畏。"即四方民众对于武王受命于天帝之庭治世，兼具敬重和畏惧的情感（吴凌鸥，2011）。在《现代汉语词典》中，敬畏是"又尊敬又害怕"的意思。现代汉语中，"敬畏"为"敬"与"畏"的复合词。常被理解为"既敬重又畏惧"的情感。《韦伯大字典》中这样解释"awe"：一种混杂着惧怕、尊敬和惊讶的情感；一种被某种神圣的或神秘的东西激起的恐惧的尊敬。这里的敬畏被理解为是由对象引发的既恐惧又敬重的综合情感。敬畏的对象，既可以是神秘莫测、雄壮奇伟的山河大地、日月星辰，也可以是抽象深奥的理性智慧乃至神圣至上的上帝、真主（钱程，2017）。

早期对敬畏的描述中，常常会把敬畏与害怕联系在一起。霍尔（Hall）（1897）认为敬畏是害怕的一种高度精炼形式。麦克杜格尔（Mcdougall）（1989）也认为敬畏是由钦佩、害怕以及其自身的一种复杂情绪组成，而且害怕被认为是一种首要的情绪。虽然，害怕这个情绪在早期心理学上对敬畏情绪的理解起着重要的作用，但是在现在的学术

---

① 董蕊等：《积极情绪之敬畏》，《心理科学进展》2013 年第 11 期。
② 王克：《大学生敬畏感问题研究》，博士学位论文，中国地质大学，2016 年。

研究中已经不再适用。相反，虽然在某些方面敬畏似乎和害怕甚至恐惧相联系，但是在敬畏的概念上，似乎首先强调它的积极情绪效价部分（Sundararajan，2002）。[①] 这种转变体现在最近对敬畏理解上，在积极心理学中，明确地将敬畏视为一种积极情感（Saroglou，Buxant & Tilquin，2008）。

凯尔特纳（Keltner）和海蒂（Haidt）（2003），将敬畏定义为当我们面对那些广阔的、浩大的，以及超越我们当前理解范围的事物时产生的惊异的情绪体验，这些事物包括自然奇观、艺术杰作或非凡的人类行为等。[②] 他们发展出了一种关于敬畏的认知模型——敬畏的原型模型，并指出其两个核心特征：知觉到的浩大和顺应的需要。他们也描述了关于敬畏体验的其他五个边缘特征，包括威胁、美好、能力、美德和超自然，并认为这些特征的不同组合会产生不同类型的敬畏情绪。在敬畏的原型模型中，浩大被认为是任何一切比自身强大的事物，这个可以体现在物理空间、社会地位又或者其他体现强大事物的分类上。浩大与力量两者之间有着强烈的关系，浩大会与力量混淆在一起，通常我们会对那些有力量的事物感受到浩大，但是我们也会对不是由力量引起的刺激感受到浩大。同样，顺应是敬畏的原型模型中另一重要组成部分。当个体遇到具有挑战性的，或者自己不熟悉的情境，并且需要他们进行有意义的心理图式调整时，顺应便会发生。

敬畏作为一种复杂的情绪体验，可能描述敬畏的情绪刺激物比描述敬畏体验本身更为容易，现有关于敬畏的定义大多从情绪刺激物的特征和类型出发，敬畏是一种混合了困惑、钦佩、惊奇、服从等很多感觉的复杂情绪，是一种积极的、服从性的情绪体验（董蕊，彭凯平，喻丰，2013）。[③] 而原型模型对敬畏情绪的核心特征和情绪诱发源有清晰的界定，且该界定为广大学者接受，虽然有少数学者提出自己对敬畏定义的看法，原型模型仍作为当前心理学研究中被广泛采用的敬畏情绪操作定

---

① Sundararajan, L., "Religious Awe: Potential Contributions of Negative Theology to Psychology, 'Positive' or Otherwise", *Journal of Theoretical and Philosophical Psychology*, Vol. 22, No. 2, 2002, pp. 174-197.

② Keltner, D. and Haidt, J., "Approaching Awe, a Moral, Spiritual, and Aesthetic Emotion", *Cognition & Emotion*, Vol. 17, No. 2, 2003, pp. 297-314.

③ 董蕊等：《积极情绪之敬畏》，《心理科学进展》2013 年第 11 期。

义（Danvers & Shiota，2017；Prade & Saroglou，2016；Stellaretal，2018；Valdesolo & Graham，2014）。

二　敬畏的诱发与测量

（一）敬畏的诱发

敬畏常常是被不可思议或异乎寻常的事件或卓越优秀的他人激发起来的。根据原型模型的理论，敬畏包含浩大和顺应的需要两个核心特征，其诱发情境主要分为社会、物理和认知三种情况。实验室中诱发敬畏情绪的手段主要是通过抓住敬畏的这两个核心特征和三种诱发情境实现的。通常采用的方法包括视频任务、回忆任务和阅读任务。任务的主题是那些可以诱发敬畏的典型事件，如自然景观、孩子的出生和艺术品等（Keltner & Haidt，2003；Shiota et al.，2007；Saroglou，Buxant & Tilquin，2008）。

视频任务通常要求个体观看一段视频以诱发敬畏情绪（Rudd，Vohs & Aaker，2012；Saroglou et al.，2008；Van Cappellen & Sarolou，2012）。如卡比伦（Cappellen）等要求实验参与者观看一段 3 分钟视频，其中一部分个体观看的是自然景观的纪录片，其可以诱发个体对自然的敬畏，内容主要是一些全景的风景，如瀑布、沙漠、海洋、大河以及高山；一部分个体观看的是有关孕妇分娩的视频，其可以诱发个体对生命的敬畏，内容讲述的是一对年轻的异性夫妇在妻子怀孕期间的一些片段，包含了妻子做超声波检查、孩子出生的瞬间，以及第一次怀抱婴儿。也有少数研究以幻灯片的形式给个体连续呈现自然景观的照片以诱发敬畏情绪（Oveis et al.，2009）。[①]

回忆或书写任务（writing narratives）要求个体回忆其过去的敬畏经历（Griskevicius，Shiota & Neufeld，2010；Rudd et al.，2012；Van Cappellen & Sarolou，2012）。如敬畏诱发条件下的个体被告知"敬畏是对巨大的和令人震惊的事物的一种反应，改变了你对世界的理解，请写下使你体验到敬畏的经历（Rudd et al.，2012）；或者要求个体回忆看到过

---

① Oveis, C., Cohen, A. B., Gruber, J., Shiota, M. N., Haidt, J. and Keltner, D., "Resting Respiratory Sinus Arrhythmia is Associated with Tonic Positive Emotionality", *Emotion*, Vol. 9, No. 2, 2009, pp. 265–270.

的最美的自然景观, 如日落、著名的景点等 (Van Cappellen & Sarolou, 2012) "。①

阅读任务通常要求个体读一段故事, 并尝试体验故事中人物的感受 (Griskevicius et al., 2010)。如诱发敬畏条件下的个体读到的是关于登上埃菲尔铁塔眺望整个巴黎的故事; 中性条件下的个体读到的是登上一个不知名的塔并眺望平地的故事 (Rudd et al., 2012)。②

(二) 敬畏的测量

在人格研究领域, 研究者强调积极和消极的特质性情绪, 而非强调体验到某些情绪状态的频率和强度 (Shiota, Keltner & John, 2006)。敬畏可能同时具有状态性和特质性的特征。人们在敬畏体验上可能存在个体差异, 即有些人更容易体验到敬畏情绪。施塔 (Shiota) 使用包含敬畏分量表的特质性积极情绪量表 (Dispositional Positive Emotion Scales, DPES) 测量其与大五人格的关系。其中特质性积极情绪量表的 7 个分量表有: 快乐 (joy)、满足 (contentment)、自豪 (pride)、爱 (love)、同情 (compassion)、幽默 (amusement) 以及敬畏 (awe)。敬畏分量表共包含 6 个条目: (1) 我经常感到敬畏; (2) 我周围充满美好; (3) 我几乎每天都感到惊奇; (4) 我经常在周围的事物中找寻模式; (5) 我有很多机会看到美好的大自然; (6) 我寻求对理解世界的挑战体验。该量表为 7 级计分, 1 代表完全不同意, 7 代表完全同意。③ 他们发现, 敬畏和大五人格中的外向性、经验的开放性存在相关。虽然这一发现很有趣, 但施塔等关于敬畏倾向的测量并没有被证实具有良好的效度。其信度 Cronbache α 系数为 0.78。古塞维尔 (Güsewell) 和鲁赫 (Ruch) (2012) 使用德语版的 DPES 量表对 574 名成年人进行施测, 结果发现敬畏分量表的 α 系数

---

① Van Cappellen, P. and Graham, J., "Awe, Uncertainty, and Agency Detection", *Psychological Science*, Vol. 25, No. 1, 2014, pp. 170−178.

② Rudd, M., Vohs, K. D. and Aaker, J., "Awe Expands People's Perception of Time, Alters Decision Making, and Enhances Well-being", *Psychological Science*, Vol. 23, No. 10, 2012, pp. 1130−1136.

③ Shiota, M. N., Keltner, D. and John, O. P., "Positive Emotion Dispositions Differentially Associated with Big Five Personality and Attachment Style", *The Journal of Positive Psychology*, Vol. 1, No. 2, 2006, pp. 61−71.

为 0.58，略低于施塔等的研究[①]。

此外，在实验室中可以通过任务设置诱发个体的敬畏情绪，说明敬畏情绪同时具有状态性的特征。而对于敬畏情绪诱发任务的效果评价，现有研究通常在诱发任务后要求个体报告他们当时的情绪状态，如要求他们对几种情绪（如生气、悲伤、敬畏、平静、无聊、兴奋等）进行评分（如 1 代表完全没有，7 代表非常，Rudd et al.，2012）。

三　敬畏的相关研究

(一) 敬畏与认知

敬畏可以改变人们的时间知觉。研究表明，相比于快乐情绪下的个体，敬畏情绪的个体知觉到的时间更充裕。这说明相对于快乐，敬畏可以扩大人们对时间充裕性（time availability）的感知（Rudd et al.，2012）。有两种理论可以解释敬畏对于时间知觉的影响。一是现在扩展理论（Extended-Now Theory），该理论认为关注当前时刻可以延长时间知觉（Vohs & Schmeichel，2003）。敬畏可以将人们的注意力集中于出现在他们眼前的事物，因此延长了时间知觉。二是社会性情绪选择理论（Socioemotional Selectivity Theory，SST），该理论认为当时间感延长的时候，人们会更有动机去获得新知识（Carstensen，Isaacowitz & Charles，1999）。敬畏可以激发起人们获得新知识结构的愿望，因此 SST 理论预测敬畏激发心理图式改变的能力可能标志着对于敬畏的反应是时间感的延伸。总之，敬畏可以延长人们的时间知觉，使我们生活地更为轻松，对于高压力和快节奏的现代社会，敬畏体验对于个人生活颇有益处。

特质性敬畏和认知闭合需求存在负相关（Shiota et al.，2007）。研究证明，当个体产生了敬畏情绪，他们不再利用启发式对信息进行加工，而是对信息进行更深入的加工（Griskevicius et al.，2010）。[②] 这是因为敬畏是由那些自身不能解释的外部刺激引起的，故其可以促进信息

---

① Güsewell, A. and Ruch, W., "Are Only Emotional Strengths Emotional? Character Strengths and Disposition to Positive Emotions", *Applied Psychology: Health and Well-being*, Vol. 4, No. 2, 2012, pp. 218-239.

② Griskevicius, V., Shiota, M. N. and Neufeld, S. L., "Influence of Different Positive Emotions on Persuasion Processing: A Functional Evolutionary Approach", *Emotion*, Vol. 10, No. 2, 2010, pp. 190-206.

的收集和新图式的形成（Keltner & Haidt，1999）。格利斯科维西斯（Griskevicius）等（2010）通过诱发个体的敬畏情绪发现，相比于中性条件下的个体，敬畏情绪下的个体对于弱的说服信息的接受态度下降，即敬畏情绪使个体更不容易被弱的论点说服，这说明个体对信息进行了更深入的系统性加工。这一结果提示我们，尽管以往研究发现消极情绪促进个体对信息进行系统性加工，而积极情绪促使个体进行启发式加工（Mackie & Worth，1989），但单纯以正负效价作为分类标准考察情绪对信息加工的影响似乎过于简单。不同种类的积极情绪对社会认知和信息加工的影响并不一致，如幽默可能有助于人们对信息进行启发式加工，但敬畏可能更有助于人们对信息进行系统性加工。

（二）敬畏与人格

敬畏感与人格之间也有一定关系，西尔维亚（Silvia）等人（2015）研究了大五人格与敬畏感关系，结果表明，无论是以自然图片还是音乐作为实验材料，大五人格中经验开放性高的个体更容易体验到敬畏感，而其他几个人格特质与敬畏感并没有显著关系，外倾性几乎为零。[1] 国内董蕊（2016）也做了相关研究，发现中国大学生特质敬畏感水平较高，并且与大五人格中尽责性、开放性、外倾性都存在显著正相关。其中与敬畏感相关最高的人格特质是开放性。

（三）敬畏与自我

敬畏是一种自我超越的情绪。它迫使我们将自己看作是更大的事物的一部分，使我们与更宏大更永久的东西相连，使我们感觉到渺小和谦卑。研究表明，体验到敬畏情绪会使人们觉得自己属于大群体，处于敬畏体验中的个体更多的关注周围的环境，更少的关注自我（Shiota et al.，2007）。敬畏情绪可以使人们感到自己与他人存在联系。相比于中性条件或者诱发幽默情绪的个体，诱发敬畏情绪的个体更多的报告了自我与他人相联系的感觉，其中诱发自然敬畏的个体报告了更多的自我与全人类相联系的感觉，诱发生命敬畏（分娩情境）的个体报告了更多自我与较亲近的他人（如朋友）相联系的感觉（Van Cappellen & Saro-

---

① Silvia, P. J., Fayn, K., Nusbaum, E. C. and Beaty, R. E., "Openness to Experience and Awe in Response to Nature and Music: Personality and Profound Aesthetic Experiences", *Psychology of Aesthetics, Creativity, and the Arts*, Vol. 9, No. 4, 2015, pp. 376-384.

glou，2012）。这一发现背后的认知和动机过程尚不清楚，可能的解释是基于积极情绪的扩展和建构理论（Fredrickson，2001），[①] 积极情绪拓宽了注意的范围，促使个体产生新的想法和新的联系。敬畏让人产生渺小感（Piff et al.，2015；Shiota et al.，2007），并且特质性敬畏高和诱发敬畏情绪的个体都更为谦卑（Stellar et al.，2018），但这种渺小感和谦卑感并不会降低个体的自尊水平，也不会降低个体对自身社会地位的感知（Bai et al.，2017）。因此，敬畏对人的自我概念的影响是一种积极向上的影响，敬畏带来的渺小感让个体保持谦卑之心，不会妄自尊大，也不会因此丧失尊严和自信。

（四）敬畏与精神愉悦

敬畏情绪可以促进人们对精神世界的追求。相对于中性条件下的个体，诱发敬畏情绪的个体更愿意选择消费精神产品，敬畏使人更偏爱精神产品（Rudd et al.，2012）；相比于选择享乐目的地如海地作为旅游地，诱发敬畏情绪的个体更愿意选择去西藏旅游，因为西藏作为佛教的"首都"，是很受欢迎的精神目的地（Van Cappellen & Saroglou，2012）；相比于中性条件下的个体，诱发敬畏情绪的个体，认为宗教或上帝在其生活中更有意义，对宗教和灵性（spirituality）持有更为开放和积极的态度（Saroglou et al.，2008）。乔伊（Joye）和维普尔滕（Verpooten）（2013）认为，宗教性的纪念性建筑（Religious Monumental Architecture，RMA）如大教堂或金字塔，可以激发出人们的很多情绪，其中最普遍、最常见和最重要的情绪是敬畏。[②] RMA 通过其固有的浩大（包括体积上的庞大和价值上的昂贵）激发人们的敬畏体验。反过来，敬畏体验又可以促进宗教的社会功能，在心理上加强社会联系。此外，相比于中性条件下的个体，诱发敬畏情绪的个体报告了更大的状态性生活满意感，看待自己的生活更满意和更积极（Rudd et al.，2012）。可见，敬畏可以促使人们将注意力更多地集中在自己的精神生活上，激发个体对生活的热爱与投入，有助于个人幸福的提升，这将对个人生活乃

---

① Fredrickson, B. L., "The Role of Positive Emotions in Positive Psychology: The Broaden-and-Build Theory of Positive Emotions", *American Psychologist*, Vol. 56, No. 3, 2001, pp. 218-226.

② Joye, Y. and Verpooten, J., "An Exploration of the Functions of Religious Monumental Architecture from a Darwinian Perspective", *Review of General Psychology*, Vol. 17, No. 1, 2013, pp. 53-68.

至一生产生深远的影响。

（五）敬畏与亲社会行为

敬畏感可以促进亲社会行为（Piffet al.，2015；Prade & Saroglou，2016）。研究发现，诱发敬畏情绪的个体比诱发快乐情绪的个体愿意投入更多的时间在慈善团体上，但在金钱捐助的意愿上两者没差别。其原因可能与敬畏可以延长时间知觉有关。相比于快乐情绪，敬畏情绪可以使个体产生时间充裕的感觉，抑制烦躁感，激发个体在亲社会行为上的时间投入（Rudd et al.，2012）。[①] 然而，上述研究仅仅测量了个体的行为意图或态度，并没有测量个体的实际行为。未来研究可尝试测量个体的助人行为。

同时，敬畏情绪还可以减少个体的攻击意图或攻击行为（Yang，Yang，Bao，Liu & Passmore，2016），[②] 其心理机制可能是敬畏延长人的时间感知，多点耐心对事情进行重新评估，减少一时冲动引起的攻击行为；也可能是敬畏情绪让个体产生渺小感，减少个体自我关注的作用尚不清楚，值得进一步研究。亲社会行为是维护良好人际关系的重要基础，对个体的发展和社会的和谐具有重大意义。因此，培养个体的敬畏感，将有助于良好的社会关系的建立和和谐社会的建设。

第六节　生命道德感

一　生命道德感的研究缘起

近年来，青少年自杀或随意伤害其他生命的事件屡见报端。如复旦大学投毒事件、南航学生刺死舍友事件、江西南昌航空大学宿舍腐尸事件、江苏沙洲职业工学院持刀伤人案件、北京音乐学院陈果天安门自焚事件、北大连环虐猫事件、陕西科技大学张华富杀人事件、云南大学马加爵杀人案件等。是什么原因导致这些青少年放弃自己的宝贵生命？他

---

① Rudd, M., Vohs, K. D. and Aaker, J., "Awe Expands People's Perception of Time, Alters Decision Making, and Enhances Well-being", *Psychological Science*, Vol. 23, No. 10, 2012, pp. 1130-1136.

② Yang, Y., Yang, Z., Bao, T., Liu, Y. and Passmore, H., "Elicited awe decreases aggression", *Journal of Pacific Rim Psychology*, Vol. 10, 2016, pp. 1-14.

们又为什么采用极端的手段来对待他人的生命？不管是伤害自己还是校园暴力、残害动物或杀害他人等都折射出当今部分青少年对生命的忽视与践踏，这种漠视自己和他人生命的社会现象引起了学界的广泛关注。

据世界卫生组织报道，2000 年全世界估计有 100 万人自杀死亡，10—20 倍此数的人自杀未遂；如计算绝对数字，全球 1/4 的自杀发生在印度和中国，其中中国占 20%。自杀死亡已成为人类第十大死亡原因，自杀是中国全人口第五大死因，每年约 28.7 万人自杀死亡，自杀率为 22.2/10 万，200 万人自杀未遂（张妍，2014）。[①] 据 2012 年世界卫生组织的报告，每年大约 100 万人死于自杀，而采取自杀行为但没有自杀成功的人数在 1000 万—2000 万之间。从全球来看，每 10 万人中每年就有 16 人死于自杀，也就是每 40 秒钟就有一人死于自杀。与 45 年前相比，自杀率上升了 60%。任何人都可能会自杀，不管他贫穷还是富有，社会地位高还是低，是东方人还是西方人。任何年龄阶段的个体也都存在自杀的风险。2014 年 9 月，世界卫生组织（WTO）发布的首份预防自杀报告涵盖世界上绝大多数的国家和地区，报告称全球每年有 80 万人死于自杀，大约每 40 秒就有一人轻生。自杀在超过 50 岁的人中较为常见，也是 15—29 岁年龄段的青少年死亡的主要原因之一。报告称，目前全球只有 28 个国家建立了国家级预防自杀战略计划，并表示各国都应该出台防范自杀的策略。在我国，自杀率是 23/10 万，由此估计我国每年有 28.7 万人死于自杀，研究发现我国自杀呈现三个特点：中国女性自杀率高于男性；农村自杀率是城市的 2—3 倍；自杀率在年龄特征上呈双峰状态，第一个高峰在 15—34 岁，第二个高峰在 60 岁以上（Phillips，Li，Zhang，2002）。[②]

自杀行为是引发死亡和残障的一个全球性因素（Klonsky，May & Saffer，2016）。自杀作为一个严重的公共卫生问题越来越引起研究者的关注（Klonsky & May，2015）。个体自杀可能对几代人产生深远持续性的影响，自杀也很难预防。个体自杀后，甚至他的亲朋好友也很难知道

---

① 张妍：《重庆市高中生冲动性人格特质的常模建立及其与自杀关系研究》，硕士学位论文，西南大学，2014 年。

② Phillips, M. R., Li, X., Zhang, Y., "Suicide Rates in China, 1995-1999", *The Lancet*, Vol. 359, No. 9309, 2002, pp. 835-840.

他选择自杀的原因，他们不仅会感到悲伤和痛苦，甚至会感到内疚和自责。此外，家庭里面有人自杀可能会给家庭其他成员带来不好的名声，使得自杀比起其他死亡方式，更难以让人接受。每一例自杀至少会给身边六个人带来深远影响，甚至会给整个社会带来不良影响，自杀对人类健康已构成重大威胁，成为十分突出的全球性社会和公共卫生问题。

近年来青少年霸凌事件也频繁发生，对儿童和青少年的身心健康带来非常大的消极影响，也逐渐成为社会各界广泛关注的问题。校园霸凌在所有国家都存在，美国、日本、加拿大等发达国家是校园霸凌的高发国。中青在线 2010 年 4 月报道，据美国联邦司法部司法统计署公布的数据显示，大多数美国学生认为学校越来越不安全，平均每 4 名学生中，就有 1 人遭遇过欺凌；每 5 名学生中有 1 人承认自己曾有过霸凌行为；在美国的初中和高中，每个月有 28.2 万名学生在霸凌事件中遭受肢体攻击；86% 的校园枪击事件与霸凌复仇相关；而新移民和少数族裔学生更常常沦为霸凌事件的受害者。中国新闻网 2010 年 4 月报道，一项问卷调查显示，在加拿大的温哥华地区，遭到校园霸凌的学生人数约占 12%（张国平，2011）。①

在我国，学生间的伤害事件也屡见不鲜，2001 年的一项调查显示，我国 10.5% 的学生面临校园暴力的威胁。据 2004 年上海电台与华东师范大学心理学系联合对十多所学校 6—12 岁孩子进行的调查显示，同学之间发生矛盾的比率达到 14%，其中有暴力行为的占到 12%。宋雁慧在 2004—2005 年对北京市 7 所学校学生进行调查后得出，25% 左右的学生（包括施暴者和受暴者）涉及校园暴力。据台湾"中央社"报道，台湾儿童福利联盟文教基金会在 2011 年 2 月举行记者会，发布了 2011 年台湾校园霸凌现象调查结果。调查结果指出，有 18.8% 的学童表示，最近两个月内，经常被同学霸凌（每月二三次以上），霸凌的方式包括排挤、殴打、恐吓威胁、性骚扰。也有 10.7% 的学童坦承，最近两个月内曾经欺负、嘲笑或打同学（张国平，2011）。校园霸凌给遭受侵犯的学生带来重大伤害，严重的造成身体受伤而住院治疗，有的则因过分恐惧造成心理失常，严重地导致自杀，这些伤害有可能是伴随他们

---

① 张国平：《校园霸凌的社会学分析》，《当代青年研究》2011 年第 8 期。

终生。

　　青少年阶段是身心迅速发展，走向成熟而又尚未成熟的关键阶段，是一生性格发展的定型阶段。在我国，由于升学与就业的压力在青少年阶段尤为突出显现，此阶段往往成为一生中心理矛盾冲突最激烈、烦恼最多、承受压力最大和叛逆心理最强的阶段，甚至成为心理障碍和心理疾病高发的阶段。目前青少年自我伤害、自杀、冲动及攻击性犯罪等负性事件在社会上频繁出现，这些不良行为及其导致的后果已经极大地危害了青少年的健康成长。这些青少年在生命道德观上存在困惑或偏差，容易对生命的认识不够全面、理解不够深刻，从而迷失在生命价值的取向上，无法理性地对待生命，理解生命的本质，对生命缺乏敬畏感、责任感，这可能是造成大学生自杀及恶性伤害事件的一个罪恶源头。

　　同时，我们也能见到青少年在他人危急时刻，见义勇为，挽救他人，甚至可能付出自己生命代价的新闻报道。2014年6月《新闻1+1》报道了一个少年见义勇为，社会如何致敬的新闻。来自江西的两个高中生在高考前夕发生一件事情，在一辆行驶的客车上，一名男子突然持刀向车厢里几乎满员的乘客乱砍，瞬间就砍伤了五名乘客，在车厢里绝大多数人群开始已经打开前门迅速逃离，两个学生已经负伤的情况下，勇敢地与歹徒搏斗，为制服歹徒，两人身负重伤，导致无法参考高考。《团结报》在2018年8月30日报道，一少年在河中游泳溺水，眼看将沉入河中，千钧一发之时，三名青年毫不犹豫地跳入水中对落水者进行施救。救人者回忆当时的情况时说到："当时也是争分夺秒，如果再慢一点的话，真的可能生命就没有了，我们能抓紧一分就一分，能抓一秒就抓一秒。"紧急情境下的亲社会行为常有如下特点：有伤害人生命的威胁存在，实施亲社会行为有一定的危险性，付出的代价很大，甚至是自己的生命；这是不寻常的、少见的情境，人们缺乏经验；情境比较特殊，如失足落水、触电、路遇抢劫等，需要用特殊手段去帮助别人；这种情境是事先不能预见的，无法制订计划，往往是措手不及的；紧急情境会引起生理上的应激状态，如体内血糖升高，肌肉变得紧张等（迟毓凯，2005）。[1] 在这些生命危急情况下，对生命的敬畏感和责任感会导

---

[1]　迟毓凯：《人格与情境启动对亲社会行为的影响》，博士后研究工作报告，华东师范大学，2005年。

致个体有更多的紧急助人行为。

综上所述，不难发现，无论个体的自我伤害行为、自杀、攻击、虐待，还是紧急助人行为的发生都与生命息息相关，都是与自己或他人的生命处于危险的境地有关。一个人如何对待生命是一个与自己和他人息息相关的道德问题，这种生命道德的态度不仅影响个体的身心健康，也影响个体的社会行为。在一个社会里，如果每个生命懂得珍爱自己、关怀他人、理解生命的价值并最大程度地努力实现生命的潜能，那么，他们所组成的社会必将是一个健康、强盛的社会。生命是人之为人的根本，生命也是一切之根本，要是没有了生命，其他一切无从谈起。因此，本研究尝试从生命道德的角度出发对生命道德和与生命息息相关的心理与行为的关系展开深入探讨。

二　生命道德感与相近概念的辨析

个体如何对待生命是一个与自己、与他人、与社会都有关的道德问题。伤害自己和他人生命，或见死不救是一个道德问题。有研究者提出生命道德是人与自身生命、他人生命、人类生命及他类生命之间关系的道德（刘慧，2002）。[①] 在对中西方古今生命道德观的剖析中不难发现，生命道德主要涉及尊重生命、敬畏生命和关怀生命，因而，本研究把生命道德感界定为个体尊重和敬畏生命，关怀和保护生命的程度。生命道德感可主要用其来解释一些在生命可能受威胁情境下的心理和行为，如自我伤害行为、自杀行为、攻击行为、虐待行为、紧急救人行为。一个生命道德感较低的人，可能就会有更多的自我伤害和伤害他人的行为，一个生命道德感较高的人，在他人生命面临危险的时刻，会更愿意伸出援手。生命道德感既可是一种相对稳定的倾向，具有个体差异性，即表现为不同的个体之间其生命道德感的倾向也会不同，有的人具有较高的生命道德感，有的人具有较低的生命道德感；此外，生命道德感也可以是一种状态、体验或感受，可由情境刺激引起，比如阅读一个感人的故事，看一段触动人心的视频也可能提高我们的生命道德感。

生命道德感不完全等同于以往研究中的生命态度，应该来说，生命

---

① 刘慧：《生命道德教育》，博士学位论文，南京师范大学，2002 年。

态度所涵盖的范畴广于生命道德感，生命道德感属于生命态度的一部分。生命态度就是个体与生命相关的人、事、物或观念所持的态度。包含了对生命的认知、生命的情感和生命的行为倾向（庞莉，2015；只欣，2012）。有研究者将生命态度归纳为生命理想、生命自主、存在感、关怀与爱、对经验态度的态度、对死亡的态度的六个向度（谢曼盈，2003）；① 也有研究者将生命态度界定为个人对生活、生、死、生命的综合性价值与看法，是追求生命意义与价值的表现状态，包括积极负责、感恩关怀、接纳自己、死亡态度四个层面（黄淑芬，2005）。② 而生命道德感主要涉及两个向度，就是尊重和敬畏生命以避免伤害生命，在他人生命危急时刻去关怀和保护生命，生命道德感涉及的这部分内容属于生命态度中的关怀与爱，或死亡态度的相关内容，但生命道德感并未过多探讨生命理想、生命自主、存在感、接纳自己、生命价值这块的内容。因此，生命道德感隶属于生命态度的范畴，为了更好地去理解和阐释与生命威胁息息相关的心理与行为，本研究才重点聚焦于生命道德感。

　　生命道德感与死亡焦虑不同。死亡焦虑是对死亡超乎常理的强烈恐惧，是个人在思考濒死的过程或死后之事时出现的惧怕或忧虑。当死亡被提醒时，个体的内心受到死亡的威胁，从而产生的一种恐惧或害怕的情绪状态（刘娇，2005）。③ 也有学者认为死亡焦虑不仅包括对自身死亡的恐惧以及对死亡过程会产生痛苦的担心，还包括对重要他人的死亡的恐惧；不仅包括对死亡引起的痛苦的害怕，还包括对死后的担心（刘方，2015）。生命道德感和死亡焦虑主要都和生命的生与死密切相关，前者涉及的是尊重和敬畏生命、关爱和保护生命，主要强调的是生命"生"的问题。死亡焦虑涉及的是对死亡的恐惧和担心，主要关注的是生命"死"的问题。在某种程度上，生命道德感可能与死亡焦虑相反，对他人或他物生命的关怀，可能会促使我们无暇顾忌自己的死亡焦虑和

　　① 谢曼盈：《生命态度量表之发展与建构》，硕士学位论文，台湾慈济大学教育研究所，2003 年。

　　② 黄淑芬：《国小高年级学童生命态度与人际关系之相关研究》，硕士学位论文，国立高雄师范大学，2006 年。

　　③ 刘娇：《大学生死亡焦虑及其与自我价值感的相关研究》，硕士学位论文，西南师范大学，2005 年。

恐惧，为了挽救其他生命，可能把自己的生命置于危险的境地。一个死亡焦虑水平很强的人不太可能冒着自己生命的危险去挽救他人。

生命道德感不同于生命意义感。首先，从概念上看，生命意义感是人们对自己有清晰的认识，知道自己将要做什么，并为实现自己的价值努力去做一些事情（弗兰克尔，2003），强调的是个体对自我生命的关注。① 生命道德感是个体尊重生命、敬畏生命、关怀生命的程度，强调的不仅是自我生命的尊重和关怀，也包括他人、他类生命的关注。其次，生命意义感是个体自我实现较高层次需求的一种体现，而生命道德感比生命意义感更容易触动道德的底线。人们在实现生命目标和价值之前，其对生命本体会持有一种态度，包含对自己、他人和他类生命的态度，这是人类最根本的道德。根据马斯洛（1987）的需要层次理论，生命意义感是自我价值的实现，属于人类高层次需要实现的结果。② 而生命道德感伴随着人类的每个层次的需要，而且当个体低层次需要越得不到满足，为了自己的基本生存，个体的生命道德感可能越薄弱。最后，从结果上看，如果人们感受不到活着的意义，就会陷入空虚，而空虚会导致心灵性神经官能症；权力，金钱，享乐的追求；和自杀三类问题，心理学家们对生命意义感与健康、幸福感等相关研究做了大量的探讨（弗兰克尔，2003；张姝玥、许燕、杨浩铿，2010）。生命道德感则主要与漠视生命或保护生命的心理与行为相关密切，缺少对生命的敬畏和关怀之心容易导致不良身心健康问题和攻击行为问题，致他人的生命于危险的境地；对金钱等享乐主义的追逐与生命道德感关系可能不密切。

生命道德感也不完全等同于自我超越价值观。自我超越价值观表达的是人们超越狭隘、关怀、提升他人福祉，保护大自然，自我超越价值观超越了对自身利益的关注，他们把自身利益与更大的群体相结合，认为群体的利益更为重要，更容易做出帮助他人、关心集体，有利于社会福祉的行为。自我超越价值观和自我增强价值观完全相反，自我增强价值观是人们增强自己个人的利益，更容易走出促使自身提高，完善自我

---

① ［奥地利］弗兰克尔：《追寻生命的意义》，何忠强等译，新华出版社 2003 年版。
② Maslow, A. H., *Motivation and Personality*, New York：Harper & Row，1987.

的行为（Schwartz et al.，1987）。[1] 生命道德感与自我超越价值观和自我增强价值观不同，它具有自我取向和他人取向两种双重属性。生命道德感是自我取向的，个体的生命道德感越高，就越懂得尊重和珍惜自己的生命，有较少的自我伤害行为；同时生命道德感是他人取向的，个体的生命道德感越高，就越少去伤害和攻击他人，且更多懂得去关怀其他生命。因此，生命道德感促使个体关心自己，也关爱他人。生命道德感具有自我增强价值观的自我取向的属性，也具有自我超越价值观的他人取向的属性。

生命道德感也不同于敬畏。敬畏是当我们面对那些广阔的、浩大的，以及超越我们当前理解范围的事物时产生的惊异的情绪体验，这些事物包括自然奇观、艺术杰作或非凡的人类行为等（Keltner & Haidt，2003）。[2] 敬畏体验包含威胁、美好、能力、美德和超自然，由这些特征的不同组合产生不同类型的敬畏情绪。敬畏是一种混合了困惑、钦佩、惊奇、服从等很多感觉的复杂情绪，是一种积极的、服从性的情绪体验（董蕊、彭凯平、喻丰，2013）。[3] 生命道德感也有敬畏的情绪体验，如敬畏生命，一个具有生命道德感的人，对生命会怀抱敬畏之心，但除了对生命的敬畏感，生命道德感还包含关怀和保护生命，并且生命道德感不包含对自然奇观、艺术杰作或非凡人类行为等其他的敬畏。而对生命的敬畏只是众多敬畏对象中的一种。因此，生命道德感与敬畏有交集的地方，这个交集就是敬畏生命，此外，两个概念还包含一些对方都没有涵盖的范畴。

综上，生命道德感作为一个新概念提出，主要用来解释生命可能受威胁时的心理与行为，不同于心理学已有研究的一些概念，生命道德感与生命态度、死亡焦虑、生命意义感、自我超越价值观和敬畏既有相似之处，他们都是研究和生命相关的心理学概念，也存在差异。比如，生命态度的范畴广于生命道德感；死亡焦虑更关注生命的"死"，而生命

---

① Schwartz, S. H. and Bilsky, W., "Toward a Universal Psychological Structure of Human Values", *Journal of Personality & Social Psychology*, Vol. 53, No. 3, 1987, pp. 550-562.

② Keltner, D. and Haidt, J., "Approaching Awe, a Moral, Spiritual, and Aesthetic Emotion", *Cognition & Emotion*, Vol. 17, No. 2, 2003, pp. 297-314.

③ 董蕊等：《积极情绪之敬畏》，《心理科学进展》2013 年第 11 期。

道德感更关注生命的 "生"；生命意义感关注的是自我价值的实现，生命道德感关注的是生命的生死存亡问题；自我超越价值观强调对自我利益的超越，关注他人的福祉，而生命道德感在关注他人利益的同时，也关注自身的生命，也具有自我取向的属性；敬畏，除了敬畏生命之外，还敬畏大自然、艺术杰作等，而生命道德感除了敬畏生命之外，也强调对他人生命的关怀。

三　问题提出

当前，在 15—34 岁人群中死因排在第一位的是自杀，青少年自杀的绝对人数不断上升，此外，青少年暴力伤人、残害动物的事件也常被报道，这些负性事件的频发已经引起学校和教育管理部门乃至国家领导人的高度重视。青少年伤害自己和他人生命已成为维护社会稳定的一大敏感问题，我国生命教育起步较晚，当前各类学校从校领导到学生工作者在青少年自杀干预和生命教育等方面也面临实际具体的困难。对青少年的生命道德问题进行深入的研究，不仅对保障青少年自身的生命安全，降低青少年残害其他生命具有十分现实的意义，对维护社会稳定和构建和谐社会也具有重要意义。

在本研究中，生命道德感是个体尊重和敬畏生命、关怀和保护生命的程度，主要涉及两个向度，即尊重和敬畏生命以避免伤害生命，在其他生命危急时刻会关怀和保护生命。生命道德感即可是一个相对稳定的人格特质倾向，也可是由情境诱发的一种状态、体验，可用来预测生命受威胁时的心理与行为。生命道德感具有自我取向和他人取向的双重属性，一个生命道德感水平较高的个体，会尊重和珍惜自己的生命，有较少的自我伤害水平，同时在其他生命需要帮助的时刻，会超越自己的需要和利益，关注他人的福祉，表现出更多的亲社会行为，特别是在其他生命处于危急时刻。因此，生命道德感对个体的内化健康和外化行为会产生重要影响，一个缺乏生命道德感的个体有更多的自我伤害行为、攻击和虐待行为，一个具有较高生命道德感的个体在他人生命危急时刻，会表现出更多的见义勇为行为。

目前国内心理学领域对生命道德与青少年自我伤害、自杀、攻击、亲社会行为等领域展开了探索，也取得一些相对丰富的研究成果，但该领域的相关研究也存在以下一些不足。首先，从研究内容上看，较为关注具体的单一行为。青少年自我伤害、自杀、霸凌、虐待等威胁自我和他人生命的行为受到个体自身、家庭、学校、社会诸多因素的影响，目前国内研究者多从不同行为的理论出发，去解释各自领域的行为，更多关注地是具体的某一个行为。如关于自杀行为的研究，研究者更多从自杀行为的诸多或某一个理论出发，探讨导致自杀行为的原因或结果，较少把这种生命受威胁时的心理和行为综合在一个研究框架领域进行系统地研究，使得这些研究结果较为零碎和分散，很难放到一个理论框架中去看待这些问题及结论。其次，从理论建构水平来看，目前国内研究者对这一领域的研究多以国外建构的理论作为研究的出发点，重复去验证国外研究者的理论，属于低水平理论验证性层面的研究，不能从理论的高度去建构该领域的系统模型，或者建构一个新型的假说或理论，无法推动这些领域真正的实质性发展。最后，从研究方法来看，研究方法较为单一，目前国内大多数文献中对生命道德领域的研究，主要停留在哲学思辨和描述性调查层面的研究，缺乏其他实证范式的探索，更缺乏综合使用多种研究方法来系统地、深入地研究生命道德这一领域的问题。

　　本研究从生命受威胁时相关的心理与行为的社会现象出发，为弥补生命道德与相关行为领域研究的不足，尝试建构生命道德感的概念和理论假说，同时为验证生命道德感的理论建构，系统地采用多种实证研究的范式，主要通过使用问卷调查法和实验研究法来综合探讨生命道德感对生命相关的心理与行为的研究。具体如下。第一，生命道德感是一个相对稳定的人格倾向，不同的个体其生命道德感水平也存在差异，因此本研究通过问卷法编制一个生命道德感量表，主要包含生命道德感的两个向度：尊重和敬畏生命、关怀和保护生命。该量表主要用来评估生命道德感的个体差异性，本研究假设该量表具有较好的信度和效度，能达到心理测量学的标准，可作为一种可操作性的测量工具用于评估个体的生命道德感水平。第二，在理论层面上，生命道德感与生命意义感、敬畏等概念存在差别，同时生命道德感与内化健康和外化行为之间存在密切关系，因此，本研究通过问卷法为生命道德感与这些变量之间的相关关系进行探讨，为生命道德感问卷提供效度证明，同时也为这些理论建构提供实证依据，为后续的进一步研究奠定基础。第三，生命道德感具有自我取向的属性，具有较高生命道德感的个体，则有更少的自我伤害行为，会更珍惜自己的生命。为验证生命道德感的自我取向属性，本研究通过问卷法探讨了生命道德感对自我伤害行为的影响及其机制。第四，生命道德感具有他人取向的属性，具有较高生命道德感的个体，有更多的亲社会行为，特别是紧急助人行为。为验证生命道德感自我超越的属性，本研究通过问卷法和实验法的系列研究深入探讨了生命道德感对亲社会行为的影响及其机制。第五，根据这些理论梳理和实证的研究结果，本研究尝试为减少青少年自我伤害或伤害他人的行为，鼓励更多的亲社会行为，更好地开展生命道德教育，提供科学性的对策与建议。

　　本研究对生命道德感与相关行为展开系统和深入的探讨具有较强的理论意义和实践意义。理论层面上，本课题的系列研究最大的理论贡献在于可为生命道德感相关的理论建构提供实证依据，和其他概念相比，生命道德感更可用来解释和预测生命可能受威胁时的心理和行为，生命道德感理论的提出可为综合理解自我伤害行为、自杀行为、攻击行为、虐待行为、紧急助人等行为提供一个新的视角，同时这些研究可进一步丰富、充实思想政治教育、教育学、社会学等关于这些伤害自己、攻击他人或亲社会行为领域方面的理论。此外，生命道德感的理论可为教育工作者开展生命道德教育实践提供理论依据。实践层面上，本研究以青少年为研究对象，通过问卷调查和实验方法来系统地研究青少年伤害自己或他人，抑或紧急助人的现象，这些研究结果可促进对青少年生命道德感现状的了解，并为学校开展青少年生命道德教育课程提供现实依据，为青少年减少自我伤害或伤害其他生命的行为提出切实可行的对策与建议。本课题展开的系列研究加强了青少年生命道德教育的针对性和科学性，研究成果可供政府部门、教育部门、研究者、学校大学生工作人员阅读和参考。

第三章

生命道德感量表的编制

第一节　研究目的

探查青少年生命道德感的因素结构，编制青少年生命道德感问卷。

第二节　研究方法与过程

一　研究对象

本研究通过团体施测和个体施测相结合的方式进行，研究对象为青少年。为形成正式问卷，本研究共施测三次。第一次发放预试问卷 422份，回收有效问卷 376 份，有效率为 89%，被试者年龄分布在 17.87+3.2，其中男性 129 人，女性 247 人；来自农村 172 人，城镇 204 人；初中 46 人，中专 35 人，高中 90 人，高职或大专 86 人，本科 77 人，硕士 42 人。

第二次发放第一次探索修订后问卷 178 份，回收有效问卷 170 份，有效率为 96%，被试者年龄分布在 18.09+3.56，其中男性 56 人，女性 114 人；农村 83 人，城镇 87 人；初中 17 人，中专 15 人，高中 42 人，高职或大专 34 人，本科 35 人，硕士 27 人。

第三次发放第二次探索完后的正式问卷 207 份，回收有效问卷 195份，有效率为 94%，被试者年龄分布在 18.37+3.61，其中男性 73 人，女性 122 人；农村 102 人，城镇 93 人；初中 17 人，中专 21 人，高中40 人，高职或大专 39 人，本科 47 人，硕士 31 人。

二 研究工具

(一) 生命道德感的预试问卷

根据本研究对生命道德感的概念界定编制预试问卷，在参考相关问卷的基础上（Klamut，2012；Schulenberg，Schnetzer & Buchanan，2011），[1][2] 生命道德感问卷主要由两个维度构成，每个维度各编制 10 个题项。一个维度是尊重和敬畏生命，以避免伤害生命，例如：万物都有其生命；每个生命都无法被替代；生命来之不易，每个人都应心怀敬畏，好好珍惜等。另一维度是关爱和保护危险中的生命，例如：如果发生类似 2008 年雪灾、5·12 汶川大地震等重大自然灾害时，我会尽自己所能去帮助受害者；保护动植物是我们每个人都应该做的；某市医院发生产妇因疼痛等多方面原因，导致情绪失控跳楼坠亡事件，我为两条鲜活生命的逝去感到沉痛和惋惜。因此，本研究的预试问卷由 20 个题项构成，本问卷采用 7 级等级评分，要求被试者根据自己的实际情况独立作答，每个数字代表符合自己情况的不同等级程度，1 代表完全不同意，2 代表基本不同意，3 代表有的不符合，4 代表不确定，5 代表有点同意，6 代表比较同意，7 代表完全同意。为避免施测时被试者心理定势的影响，问卷中每个维度各有 1 道题目反向记分。该预试问卷用于第一次施测，以形成生命道德感的修订问卷。

(二) 生命道德感的修订问卷

经第一次数据分析后，每个维度各保留了 4 道题目，共 8 道题目构成。该修订问卷用于第二次施测，以形成生命道德感的正式问卷。

(三) 生命道德感的正式问卷

经第二次数据分析后，无须删除题目，因而生命道德感的正式问卷由尊重和敬畏生命、关爱和保护生命两个维度构成，各 4 道题目。该正式问卷用于第三次施测中的验证性因素分析。

---

① Klamut，R.，"Assessment of Decisions in the Context of Life Attitudes"，*Journal for Perspectives of Economic Political and Social Integration*，Vol. 18，No. 1-2，2012，pp. 159-176.

② Schulenberg，S. E.，Schnetzer，L. W. and Buchanan，E. M.，"The Purpose in Life Test-short Form: Development and Psychometric Support"，*Journal of Happiness Studies*，Vol. 12，No. 5，2011，pp. 861-876.

三 方法与程序

本研究首先根据理论和已有研究编制预试问卷，进行第一次施测，对回收的有效数据进行第一次的项目分析和探索性因素分析，完成预试问卷的修订；然后对修订的问卷进行第二次施测，对回收的有效数据进行第二次的项目分析和探索性因素分析，形成生命道德感的正式问卷，并做信度检验；最后对正式问卷进行第三次施测，对回收的有效数据进行验证性因素分析，进行信度和结构效度检验。通过三次施测，进行了两次项目分析、探索性因素分析和验证性因素分析后，形成一个具有良好信度和结构效度的生命道德感正式问卷。

第三节 研究结果与讨论

一 第一次项目分析

本次测评结果的项目分析主要采用定量分析，主要包括难度和区分度分析，由于本问卷不需要进行难度测试，主要采用区分度进行分析，通过求临界比率（Critical ratio，简称 CR 值）和相关分析这两种方法。求 CR 值是指问卷得分中各占被试总人数 27% 的最高分者和最低分者，对这两者进行每题得分平均数的差异显著性检验，若某题的 CR 值没有达到显著性水平，就说明这道题不具备鉴别力，应该删除。相关分析采用被试者在某题的得分与问卷总分求相关，它的相关系数就是鉴别指数，用 D 表示，D 值越大，表示题目的鉴别力就越高，反之越低，项目差，必须淘汰，应予以删除。

第一次项目分析结果表明 20 个题项与总分都相关显著，其中第 1、2、3、4、7、12、13 共 7 道题目的相关系数低于 0.5（rs = 0.28, 0.45, 0.47, 0.37, 0.22, 0.44, 0.14, $p < .01$），本研究保留相关系数高于 0.5，表明该项目具有非常好的鉴别指数。删除这 7 个项目后，总测验的一致性系数从 0.79 提高到 0.86，故相关分析后，对这 7 道题项予以删除。其次，根据总分排名前后 27% 的被试者分别为高分组和低分组，区分度检验结果表明 13 个项目的 CR 值都显著（ts = [4.37, 9.48]，

$p<.001$），无须删除任何项目。因此，13个题项进入第一次探索性因素分析。

二　第一次探索性因素分析

根据 Kaiser 给出的一个 KMO 的选取适合做因子分析的标准，KMO>0.9，非常适合因子分析；0.8<KMO<0.9，适合；0.7<KMO<0.8，一般；0.6<KMO<0.7，不太适合；KMO<0.5，不适合。然后，根据因素分析结果，按以下几个标准进行题目筛选：一是项目负荷值小于0.4，则表明该题项与公因素的关系不密切，值越低，越不密切；二是共同度小于0.2，应予删除，共同度反映的是该公因素对该项目的贡献。

本研究样本数据的 KMO 值为 0.89，Bartlett 球形检验的 χ^2 值是 1604.78，$p<.001$，代表母群体的相关矩阵间有共同因素存在，适合做因素分析。采用主成分分析提取共同因素，求得初始因素负荷矩阵，然后使用正交旋转法求出旋转因素的负荷矩阵。表1结果表明抽取了特征值大于1的因子两个，方差贡献率为49.03%，但部分项目归属因子与理论建构不符，或同时在两个因素上负荷都很高，因而删除题项8、15、17、19、20。最后因素1保留题项5、6、9、10，根据题项内容和理论建构，命名为尊重和敬畏生命；因素2保留题项11、14、16、18，根据题项内容和理论建构，命名为关爱和保护生命。这两个维度，共8个题项构成生命道德感的修订问卷。

表1　　　　　　　　　　第一次探索性因素分析结果

题项	共同度因素负荷	
因素 1	（特征值 5.13，贡献率 39.48%）	
5	0.50	0.67
6	0.51	0.70
9	0.74	0.78
10	0.42	0.60
15	0.61	0.61
17	0.69	0.47
19	0.47	0.26

续表

题项	共同度因素负荷	
因素 2	（特征值 1.24，贡献率 9.55%）	
8	0.42	0.17
11	0.49	0.59
14	0.61	0.78
16	0.33	0.48
18	0.43	0.54
20	0.39	0.21

三　第二次项目分析

第二次项目分析结果表明 8 个题项与总分都相关显著，相关系数在 0.58 到 0.66 之间，$p<.01$。然后根据总分排名前后 27% 为高低分组，区分度检验结果表明 8 个项目的 CR 值都显著（ts = [5.16，10.89]，$p<.001$），因此，8 个题项进入第二次探索性因素分析。

四　第二次探索性因素分析

本研究样本 KMO 值为 0.77，Bartlett 球形检验的 χ^2 值是 315.86，$p<.001$，代表适合做因素分析。采用主成分分析提取共同因素，使用正交旋转法求出旋转因素的负荷矩阵。表 2 结果表明抽取了特征值大于 1 的因子两个，方差贡献率为 54.24%，所有题项归属结构清晰。因此，尊重和敬畏生命、关爱和保护生命两个维度的各 4 个题项构成生命道德感的正式问卷。

表 2　　　　生命道德感第二次探索性因素分析结果

题项	因素 1 负荷	因素 2 负荷
尊重和敬畏生命（特征值 3.18，贡献率 39.85%）		
t 1. 每个生命都无法被替代	0.83	0.06
t 2. 无论遇到多大困难，我在以后的生活中都能做到珍惜自己的生命	0.72	0.09
t 3. 任何生命都来之不易，每个人都应心怀敬畏，好好珍惜	0.63	0.37

续表

题项	因素 1 负荷	因素 2 负荷
t 4. 结束自己和其他生命是一种极端残忍的行为	0.60	0.28
关爱和保护生命（特征值 1.15，贡献率 14.38%）		
t 5. 如果发生类似 2008 年雪灾，5·12 汶川大地震等重大自然灾害时，我会尽自己所能去帮助受害者	0.35	0.57
t 6. 保护动植物是我们每个人应该做的	0.28	0.65
t 7. 如果我发现着火了，我会去帮忙通知大家，并力所能及地去疏散人群	0.17	0.76
t 8. 某市医院发生产妇因疼痛等多方面原因，导致情绪失控跳楼坠亡事件，我为两条鲜活生命的逝去感到沉痛和惋惜	0.01	0.77

五　验证性因素分析

在运用验证性因素分析对模型的合理性进行评价时，不能只用其中一个指数，需要同时参考多个指数，根据已有理论，本研究主要采用以下几个参考指标。（1）卡方检验（chi-square），χ^2/df 接近 1，越接近 1，表明模型拟合越好。（2）近似误差均方根 RMSEA，近似误差指数越小越好，当 RMSEA<0.1 时，认为模型拟合的很好；RMSEA<0.05 时，表示模型拟合的非常好；RMSEA<0.01 时，表示模型拟合的非常出色。（3）残差均方根 RMR，一般来说，RMR ≤ 0.1 时，表示模型较好。（4）非范拟合指数 TLA、相对拟合指数 CFI、TLA 和 CFI 的值>0.9，表示模型拟合好（侯杰泰，温忠麟，成子娟，2004）。[①]

本研究使用 MPLUS7 进行验证性因素分析，研究提出两个竞争模型：一个是单因素模型，其假设为问卷中的 8 个题项共同直接测量一个因素，即生命的道德感，模型见图 1；另一个是两因素模型，其假设为问卷中的 8 个题项测量 2 个因素（尊重和敬畏生命、关爱和保护生命），来衡量个体的生命道德感，模型见图 2。表 3 可知两因素模型的拟合指数优于单因素模型，其 CFI、TLA 比较拟合指数都在 0.9 以上，χ^2/df 接近 1，越接近 1，表明模型拟合越好。RMSEA 等于 0.05，近似误差均方根小于 0.05，表明模型拟合较好。综上，故可认为生命道德感的两因

---

① 侯杰泰等：《结构方程模型及其应用》，教育科学出版社 2004 年版。

素模型拟合度更好，这表明两因素的生命道德感问卷具有较好的结构效度。

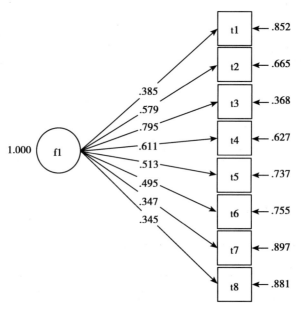

图1　生命道德感的单因素模型

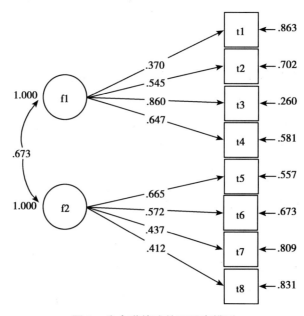

图2　生命道德感的两因素模型

表3   各分问卷模型的拟合性指标

	χ^2	df	χ^2/df	RMSEA	SRMR	CFI	TLA
单因素模型	38.49	20	1.92	0.07	0.06	0.88	0.84
两因素模型	24.54	19	1.29	0.04	0.05	0.97	0.95

六　信度检验

通过对第二次探索性因素分析和验证新因素分析的两批样本进行生命道德感问卷的内部一致性信度分析，Cronbach's Alpha 系数分别是0.77 和0.72，结果表明该问卷有较好的稳定性。

第四节　讨论

本研究编制的生命道德感问卷具有较好的内部一致性信度和结构效度，可用于测评青少年生命道德感的个体差异。自编的生命道德感项目围绕尊重和关怀生命本身，生命意义感强调追求生命的目标，价值和意义寻求（Steger, Frazier, Oishi & Kaler, 2006），[①] 生命道德感问卷与生命意义感所测的东西是否存在差异，是否存在很强的社会赞许性有待进一步验证。此外，如理论建构、生命道德感是否与外化攻击等社会行为、自杀等健康问题相关，也需要进一步验证。针对这些问题，下一章的研究将对与生命道德感密切相关的变量进行了相关分析，为该量表提供进一步效度证明。

---

① Steger, M. F., Frazier, P., Oishi, S. and Kaler, M., "The Meaning in Life Questionnaire: Assessing the Presence of and Search for Meaning in Life", *Journal of Counseling Psychology*, Vol. 53, No. 1, 2006, pp. 80-93.

第四章

生命道德感量表的效度研究

根据理论建构，本章的研究旨在通过对生命道德感问卷与内化健康和外化社会行为的相关性研究，为生命道德感提供聚合效度和辨别效度。

第一节　生命道德感与内化健康的相关性研究

一　研究目的

21 世纪初，积极心理学作为一个新的研究领域开始兴起，它提倡心理学要以人固有的、潜在的建设性力量以及美善为出发点，用一种积极的心态解读人的心理现象，最大限度地挖掘自己的潜力，获得美好的生活。此时，生命意义从哲学领域走进心理学领域，进入人们的研究视野。生命意义感是人知觉并感觉到自己生命的意义和目的的程度（何英奇，1987），包括个体对生命赋予的目标和方向的认知和感受，以及在实现目标过程中所体会到的存在的价值感。[①] 史蒂格（Steger）等（2006）特别强调个体对自己活得是否有意义的主观感受程度和个体对意义的积极寻找的程度。[②] 他认为个体只有积极地去寻找生命的意义，才能在这个过程中获得真正的满足和快乐，也才能够真正拥有"有意义的人生"。生命道德感指的是个体尊重和关怀生命的程度，生命道德感

---

①　何英奇：《大专学生之生命意义感及其相关意义治疗法基本概念之实证性研究》，《台湾教育心理学报》1987 年第 20 期。

②　Steger, M. F., Frazier, P., Oishi, S. and Kaler, M., "The Meaning in Life Questionnaire: Assessing the Presence of and Search for Meaning in Life", *Journal of Counseling Psychology*, Vol. 53, No. 1, 2006, pp. 80–93.

不同于生命意义感，应该与生命意义感呈低等程度的相关。

青春期是个体从幼稚走向成熟的关键时期，也是个体体貌特征和心理状态发生急剧变化的暴风骤雨期。抑郁是反映个体心理健康的一个重要指标，也是青少年群体中常见的健康问题，其不良影响也引起社会各界的广泛关注，青春期是抑郁发生率剧烈上升的时期。青少年群体中抑郁症的检出率在 20%—44% 之间（罗伏生，沈丹，张珊明，2009），[1]成为影响青少年身心健康的重大威胁（Bhatia & Bhatia，2007），是导致青少年自我伤害行为的一个关键因素（连帅磊等，2016）。[2] 抑郁情绪的产生和发展一直是探讨青春期个体心理健康问题的重要切入点（富伟伟，王广曦，李永娟，2018）。青少年抑郁患者常见的症状可能有：由于患者一般年龄较小，不会表述情感问题，常说身体上的某些不适，如有些孩子常用手支着头，说头痛头昏；有的用手捂着胸，说呼吸困难；有的说嗓子里好像有东西，影响吞咽，似乎他们病得很严重，呈慢性化，或反复发作，但经医学检查后，又发现没什么问题。即使面对达到自己向往已久的目标，实现了理想，患者可能无喜悦之情，反而感到忧伤和痛苦，如考上名牌大学也心事重重，愁眉苦脸。患者可能在童年时对父母管教言听计从，到了青春期或走向社会后，不但不跟父母沟通交流，反而处处与父母对立。一般表现为不整理自己的房间，吃饭慢，不完成作业等；较严重的表现为逃学，夜不归宿，离家出走，与父母翻旧账，与父母一刀两断。重症患者还会利用各种方式进行自我伤害，严重的会自杀，对自杀未果者，如果只抢救生命，未对其进行抗抑郁治疗，患者仍会重复自杀，因此此类自杀是由心理病理因素和生物化学因素引起的，患者并非心甘情愿地想去死，而是被疾病因素左右，身不由己。因此，生命道德感理论上与抑郁呈负相关，一个会珍惜和关怀自己和他人生命的人有较少的抑郁倾向。

社会赞许性是一种获得社会认可和接受的需要，并认为这种需要可以通过文化上可接受的和适当的行为获得，对不认可的回避（Marlow &

---

① 罗伏生等：《青少年焦虑和抑郁情绪特征研究》，《中国临床心理学杂志》2009 年第4 期。

② 连帅磊等：《青少年同伴依恋对抑郁的影响：朋友社会支持和自尊的中介作用》，《心理科学》2016 年第 5 期。

Crowne，1961）。① 也有研究者认为社会赞许性是个体根据现行的社会规范和准则的要求而呈现出有利于自己一面的倾向性（Zerbe & Paulhus，1987）。不同研究者在概念的表述形式上虽然不尽相同，但其本质存在一些共同点：第一，其表现目的是获得社会和他人的接受和赞赏，以达到社会适应；第二，社会赞许性存在的前提是人们了解所在文化和社会的节制、要求、规范；第三，社会赞许所采取的方法就是使自己的态度、行为与社会中的多数人相符合（徐晟，2014）。社会赞许性在心理测量中发现，在作答自陈量表时，受测者可能不自觉地采用社会大众喜爱或赞赏的答案来表现自己，是一种非自主控制的社会期望反应行为。生命道德感是人类的一个基本道德，个体尊重和敬畏生命，并在他人生命危急时刻去关怀生命，反映的是生命至上的普遍伦理价值观，其与社会赞许性有低程度的显著正相关。

综上，生命道德感与生命意义感不同，与自我伤害的内化健康问题存在密切关系，尤其与生命相关的心理和行为密切相关，作为人类的一种基本道德，生命道德感不应存在较强的社会赞许性。通过对生命道德感与生命意义感、健康、社会赞许性的相关研究，可为生命道德感与内化健康、社会赞许性提供效度证明。因此，本研究提出以下假设：生命道德感与生命意义感呈低等程度的正相关，与负性健康问题负相关显著，与社会赞许性呈低等程度的正相关。

二　研究方法与过程

（一）研究对象

本研究采用团体施测和个人施测的方式进行，研究对象为在校学生。共发放预试问卷 328 份，回收有效问卷 305 份，回收有效率为 85%，被测试者年龄分布在 20.02+1.82，其中男性 81 人，女性 224 人；独生子女 53 人，非独生子女 252 人；来自农村 195 人，城镇 110 人；高职或大专 136 人，本科 134 人，硕士 35 人；一年级 118 人，二年级 111 人，三年级 76 人。

---

① Marlow，D. and Crowne，D. P.，"Social Desirability and Response to Perceived Situational Demands"，*Journal of Consulting Psychology*，Vol. 25，No. 2，1961，pp. 109-115.

（二）测量工具

1. 生命道德感问卷。本研究编制的 8 个题项的生命道德感问卷，采用 7 级等级评分，无反向计分题项，分数越高，代表生命道德感越强。在本研究中该问卷具有较好的信度（α=.85）。

2. 生命意义感问卷。该问卷由史蒂格等（2006）编制，问卷中文版由刘思斯、甘怡群（2010）进行修订，[①] 中文版由生命意义感和寻找意义感两个分量表组成，9 个题目组成，总量表内部一致性系数为 0.71，具有较好的效度。在本研究中该问卷具备较好的信度（α=.78）。

3. 患者健康问卷（PH4-9）。该问卷是基于 DSM—IV 的诊断标准而修订的关于抑郁的一个筛查表（Kroenke & Spitzer, 2002）。[②] 每个条目的分值设置为 0—3 分，共 9 个条目，总分值 27 分。该问卷常用于诊断抑郁，具有较好的信度和效度。其中，0—4 分为无抑郁症状，5—9 分为有抑郁症状，10—14 分为明显抑郁症状，15 分以上为重度抑郁症状。本研究中该问卷具备较好的信度（α=.84）。

4. 一般社会赞许性量表。该问卷由吴燕（2008）自编，由操纵印象和自欺性拔高两个分量表构成，共 24 个题项，该量表的 Cronbach's a 系数为 0.803。[③] 本研究中该问卷具备较好的信度（α=.82）。

三　研究结果与讨论

在探讨生命道德感与内化健康的相关分析之前，本研究分析了人口统计学变量与生命道德感的关系，表 1 结果表明生命道德感与性别、年龄、是否是独生子女、户籍所在地、受教育程度、年级相关都不显著，也就是说，性别，年龄，受教育程度等这些人口统计学变量对生命道德感不产生影响，这也侧面说明生命道德感作为人类的一个基本道德的特性，与生命道德感的理论建构相符合。

---

① 刘思斯等：《生命意义感量表中文版在大学生群体中的信效度》，《中国心理卫生杂志》2010 年第 6 期。

② Kroenke, K. and Spitzer, R. L., "The PHQ-9: A New Depression Diagnostic and Severity Measure", *Psychiatric Annals*, Vol. 32, No. 9, 2002, pp. 509-515.

③ 吴燕：《人格测验中社会赞许性反应的测定与控制》，硕士学位论文，陕西师范大学，2008 年。

表 1　　　　　　　　**生命道德感与人口统计学变量的相关分析**

	尊重生命	关爱生命	生命道德感
性别	.10	.10	.11
年龄	.08	.03	.06
独生子女	.05	.05	.06
户籍所在地	.06	.06	.07
受教育程度	.02	.00	.01
年级	.06	-.05	.01

表 2 相关分析结果表明尊重生命和关爱生命呈中等程度相关，且两者都与生命道德感呈高程度相关。生命道德感总问卷与生命意义感正相关显著，但只呈现低等程度相关，未达到中等程度相关。这表明生命道德感与生命意义感存在一定程度的相关，他们都和生命息息有关，但又不完全等同，不能相互替代，其中比起尊重和敬畏生命，关爱和保护生命与生命意义感相关更高，这可能跟关爱生命有利于增强生命意义感有关。在生命道德感与个体内化健康的相关分析中发现，生命道德感与抑郁负相关显著，特别是尊重生命这个维度，一个越尊重和敬畏生命的人有更少的抑郁，更珍惜生命；当一个人的抑郁症状被诊断为严重，对生命越容易持悲观态度，甚至是自杀倾向，其生命道德感会越薄弱。在生命道德感与社会赞许性的相关分析中发现，生命道德感与社会赞许相关程度不高，具有较低的相关性。这表明生命道德感的社会赞许效应不强。因此，生命道德感与生命意义感和社会赞许性呈低等程度的正相关，与不良健康问题呈显著负相关。

表 2　　　　　　　　**生命道德感的内化健康的相关分析**

	尊重生命	关爱生命	生命道德感	社会赞许	健康
尊重生命	-	.65 **	.90 **	.14 *	-.13 *
关爱生命	-	-	.91 **	.19 **	-.10
生命道德感	-	-	-	.19 **	-.13 *
生命意义感	.14 *	.32 **	.26 **	.28 **	-.14 *

注：$* p<0.05$，$** p<0.01$，$*** p<0.001$。以下均同。

第二节　生命道德感与外化行为的相关性研究

一　研究目的

随着积极心理学的兴起，积极情感、情绪得到了学者们越来越多的关注。同自我超越型价值观一样，也存在自我超越型情感，如爱、同情、感激和敬畏。正如很多人类的重要特质一样，一些个体在特质性的积极情感上得高分，而另外一些个体在特质性情感上得低分，这表明对于某些人来说，特质性情感是深入骨髓的，是一种不可压抑的生命力量。自我超越的特点是人们超越狭隘和关怀，提升他人福祉，保护大自然，超越了对自身利益的关注，他们把自身利益和更大的群体相结合，认为群体的利益更为重要，体验这种情感的人更容易做出帮助他人、关心集体的行为。自我超越型情感水平高的人往往会更关注他人利益，超越自己的利益，更容易去关怀他人；与之相反，自我增强型情感水平高的人更关注自身的利益，更容易做出使自身提高、完善自我的行为。爱是一种对他人喜爱，并给予关怀的情感体验；敬畏是面对那些广阔的、浩大的以及超越我们当前理解范围的事物时产生的惊异的情绪体验，这些事物可能是自然奇观、艺术杰作、或非凡的人类行为等；同情是一种对他人苦难产生的怜悯，深切理解他们苦痛的一种情感体验（Shiota et al.，2006）。[①] 这些自我超越型情感也是亲社会行为的强有力的决定因素（Piff et al.，2015；Yaden, Haidt, Hood Jr., Vago & Newberg, 2017），有利于解决人类社会的三个主要问题：哺育、合作和群体协作（Stellar et. al.，2017）。生命道德感与自我超越型情感具有相同之处，也有差异之处，因为它具有自我超越的属性，一个生命道德感较高的人，会懂得去关怀和保护其他生命，特别是当他人生命处于危难时刻；同时，生命道德感也具有自我指向的属性，一个生命道德感高的人，也懂得珍惜自己的生命。

---

① Shiota, M. N., Keltner, D. and John, O. P., "Positive Emotion Dispositions Differentially Associated with Big Five Personality and Attachment Style", *The Journal of Positive Psychology*, Vol. 1, No. 2, 2006, pp. 61-71.

攻击行为又被称为侵犯性行为，19世纪以来，诸多学科领域的研究者从不同角度对其进行研究探讨。攻击行为是儿童青少年身上一种常见，又不受欢迎的不良社会行为，其发展状况对儿童人格、品德的发展有重要作用，因此，发展心理学家特别重视儿童攻击性行为的研究。发展心理学对攻击性行为的形成和发展机制提出不同的理论解释，儿童的攻击行为与其生理、认知、情绪情感和社会环境等内在和外在的因素相关。攻击性行为是有意伤害别人且不为社会规范所许可的行为，其目的是直接造成被攻击者的伤害或通过唤起被攻击者的恐惧而达到其他目的（Giancola，Mezzich & Tarter，1998）。攻击就是指有意伤害他人（包括身体伤害或心理伤害）的行为或倾向，这种行为在我们日常生活中屡见不鲜，是一种意图伤害个体身心健康的行为，还与愤恨、敌意，想要伤害别人的情绪以及内部心理状态有关。史密斯（Smith）（1991）认为欺负行为是力量较强的个体对力量相对弱小的个体实施攻击性的行为，表现为以强凌弱、以众欺寡、以大欺小。① 判断是否是欺负行为有三个标准：首先，该行为未受激惹，不是被欺负者的挑选，而是欺负者的故意而为；其次，该行为重复发生，欺负者在很长一段时间均对受害者进行攻击，以此两次或偶尔发生均不属于欺负行为；最后，双方在力量上不均衡，受害者在身心上处于劣势地位，不具备报复的条件。近年来，校园霸凌问题日益严重，有研究者对中学生开展调查，结果发现10.7%的学生受到过攻击，10.9%的学生攻击过别人（Chen & Cheng，2013）。随着互联网的广泛使用，学生开始利用网络对他人进行人身攻击，如在受害者的社交网络里使用恶毒的语言，发送具有侮辱性质的照片等。网络攻击指个体以互联网或手机网络为媒介，使用信息沟通技术发起攻击行为，与传统攻击行为相比，网络攻击的匿名性、传播快与无时空限制等特性导致其危害性更大，更持久且更难控制，它会导致受攻击者产生焦虑、抑郁等消极情绪，严重者甚至产生自杀行为（郑清等，2016）。② 并且攻击行为较多的青少年未来更容易产

① Smith，P. K.，"The Silent Nightmare：Bullying and Victimization in School Peer Groups"，*The Psychologist*，Vol. 4，1991，pp. 243-248.

② 郑清等：《道德推脱对大学生网络攻击的影响：道德认同的中介作用与性别的调节作用》，《中国临床心理学杂志》2016年第4期。

生犯罪行为（Kabasaka & Bas，2010）。[①] 攻击行为是一种给他人生命安全带来威胁的行为，一个生命道德感水平越高的个体具有较少的攻击行为，因此，本研究假设，生命道德感与攻击行为呈显著负相关。

当网上流传一组南京男童被其养母虐打的照片时；老年人在家或养老院被保姆虐待的视频时；一个女子残酷虐杀小猫的照片时，势必引起公众极大的愤怒和声讨。何为虐待？虐待是指出于取乐、迫害、发泄等利己目的，使用极其残忍的手段，对于人或动物，造成身体上的不可逆的伤害和心理上的恐惧的行为。虐待的形式有多种，包括使用人身暴力、威胁和恐吓、情感虐待和经济剥夺等。我国宪法明令规定禁止虐待老人、妇女和儿童，但对动物的保护与否一直以来是法律争论的热点，在普通动物与民众生活的紧密性逐渐增强的促使下，这一道德问题开始向法律领域转移，与虐待动物残忍度和发生率不断增高的社会现状相对应的却是我国对普通动物保护的法律空白，近年来，越来越多学者呼吁虐待动物入刑的必要性（姜涛，2012；袁晓淑，2018）。虐待行为多发生在强势一方对弱势一方单方面的行为，常常给被虐待方带来肉体和精神上的摧残破坏，严重的情况下会致其他生命置于危险的境地，导致生命的结束。生命道德感理论不仅提倡关怀人类的命运，也关怀大自然、宇宙中的其他生命，如动物，植物，因此，可推测一个生命道德感水平高的人，会有更少的虐待动物行为，两者呈显著性负相关。

关于亲社会行为的类型有很多种，根据不同的形式，可以把亲社会行为划分为分享、合作、助人、抚慰等多种类型。根据亲社会行为发生的情境，可以分为非紧急情境下的亲社会行为和紧急情境下的亲社会行为。对于非紧急情境下的亲社会行为而言，在这种行为发生时，并没有危害生命财产的威胁存在；情境属于日常生活中经常遇到的普通事例；情境中有明确的线索与信息，知道有人需要帮助，帮助他人不需要采取紧急措施。这类亲社会行为在日常生活中非常普遍，如在公共汽车上让座，帮助邻居照看小孩。而在紧急情境下的亲社会行为则具有如下特

---

① Kabasakal, Z. and Bas, A. U., "A Research on Some Variables Regarding the Frequency of Violent and Aggressive Behaviors Among Elementary School Students and Their Families", *Procedia-Social and Behavioral Sciences*, Vol. 2, No. 2, 2010, pp. 582-586.

点：有伤害人的生命与财产的威胁存在，实施亲社会行为有一定的危险性、付出的代价很大，甚至是自己的生命，这是不寻常的、少见的情境，人们缺乏经验；情境比较特殊，如失足落水、触电、路遇抢劫等，需要用特殊手段去帮助别人，这种情境是事先不能预见的，无法制订计划，往往是措手不及；紧急情境会引起生理上的应激状态，如体内血糖升高，肌肉变地紧张（丛文君，2008）。[①] 根据紧急情况，亲社会行为可分为一般利他行为和紧急助人行为，理论上，生命道德感指的是尊重和敬畏生命以避免伤害生命，在他人生命处于紧急时刻去保护和关怀其他生命，因此，生命道德感与一般利他行为和紧急助人行为呈显著正相关，特别是紧急助人行为呈中等程度的相关。

综上，生命道德感不同于已有的道德构念，如爱、同情、敬畏。此外，生命道德感与攻击，虐待，亲社会行为的外化行为相关密切，其中在生命道德感与亲社会行为的相关中，和一般利他行为相比，生命道德感与紧急助人相关更密切。为验证这些理论假设，本研究通过生命道德感与爱，同情，敬畏，攻击，虐待，一般利他和紧急助人的相关研究，为生命道德感与外化行为提供效度依据。因此，本研究提出以下研究假设：生命道德感与爱、同情和敬畏呈中低程度的正相关，与攻击和虐待呈显著负相关，与一般利他和紧急助人显著正相关，其中生命道德感与紧急助人的相关程度高于与一般利他行为的相关。

二　研究方法与过程

（一）研究对象

本研究采用团体施测和个人施测的方式进行，研究对象为在校大学生。共发放预试问卷593份，因12份问卷作答无效，回收有效问卷581份，回收有效率为97.80%，被试者年龄分布在19.53+1.31，其中男性312人，女性269人。

（二）测量工具

1. 生命道德感问卷（Moral Sense of Life，MSL）。本研究编制的8个题项的生命道德感问卷，采用7等级评分，1代表完全不同意，7代

---

① 丛文君：《大学生亲社会行为类型的研究》，硕士学位论文，南京师范大学，2008年。

表完全同意。无反向计分题项，分数越高，代表生命道德感越强。在本研究中该问卷具有较好的信度（α=.90）。

2. 生命意义感问卷。同研究一，在本研究中该问卷具备可接纳的信度（α=.68）。

3. 积极情感特质量表（Dispositional Positive Emotion Scale，DPES）。DPES 量表主要用来评估个体的积极情感倾向，如喜悦，满意，骄傲，爱，同情，消遣和敬畏（Shiota et al.，2006）。本研究只使用爱、同情和敬畏的分量表的 17 个项目，被试者需要在 7 点等级量表上进行评定，1 代表完全不同意，7 代表完全同意。在本研究中，敬畏（α=.63），爱（α=.79）和共情（α=.89）三个分量表具有可接受的内部一致性信度。

4. 青少年攻击问卷（Adolescent Aggressiveness Questionnaire，AAQ）。AAQ 问卷主要用来评估青少年的语言攻击，身体攻击和自我攻击行为，被试者需要在 4 点等级量表上对 29 个项目进行评定，1 代表不符合我，4 代表符合我（潘绮敏，2005）。[①] 在本研究中，语言攻击（α=.89），身体攻击（α=.78）和自我攻击（α=.77）具有较好的内部一致性信度。

5. 动物的身体和情感虐待问卷（Physical and Emotional Tormenting Against Animals Scale，PET）。PET 问卷主要用来评估个体对动物的身体和情感虐待，主要包含两个成分，间接的（目击）和直接的动物虐待（Baldry，2004）。[②] 在本研究中，只使用直接虐待行为量表，主要包含 5 个项目，被试者需要在 5 等级量表上评定，1 代表从不，5 代表常常。在本研究中，该分量表具有较好的内部一致性信度（α=.86）。

6. 一般利他行为量表（The Self-report Altruism Scale，SAS）。SAS 量表主要用来评估个体从事一般利他行为的频率（Rushton，Chrisjohn & Fekken，1981）。被试者需要在 5 等级量表上进行评定，1 代表从不，5 代表总是。在本研究中，该量表具有较好的内部一致性信度（α=.91）。

---

① 潘绮敏：《青少年攻击性的维度、结构及其相关研究》，硕士学位论文，华南师范大学，2005 年。

② Baldry, A. C., "The Development of the P. E. T. Scale for the Measurement of Physical and Emotional Tormenting Against Animals in Adolescents", *Society & Animals Journal of Human-Animal Studies*, Vol. 12, No. 1, 2004, pp. 1-17.

7. 紧急助人情景问卷（Emergency Helping Scenario，EHS）。EHS 问卷主要用来评估个体在紧急情况下的助人倾向，该问卷主要有 5 个情景构成。基于以往研究常用的紧急情境（Fischer et al.，2011；姬旺华等，2014），本研究编制了 5 个情境。情境 1："如果有人被殴打，而且受伤很严重，此时，你从旁边经过。"情境 2："如果有人晕倒，并失去意识，此时，你从旁边经过。"情境 3："如果有人溺水，而你水性很好，此时，你从旁边经过。"情境 4："如果有人在街上惊慌失措，不断地喊着救命，此时，你从旁边经过。"情境 5："如果有人发生交通事故，血流不止，此时，你从旁边经过。"被试者需要在 7 等级量表上对 5 个情境评估自己多大程度上愿意提供帮助，1 代表不乐意，7 代表十分乐意。本研究，EHS 量表具有较好的内部一致性信度（$\alpha = .89$）。基于 5 个情境项目理论上都归属于生命危急下的一个维度，通过验证性因素分析发现单因素模型具有较好的结构效度（$x^2 = 13.74$，$x^2/df = 2.75$，RMSEA = .05，CFI = .99，TLI = .98，SRMR = .02）。此外，本研究结果也表明该问卷与利他呈正相关（$r = .39$，$p < 0.001$），与攻击呈负相关（$r = -.31$，$p < 0.001$）。这些结果表明本研究编制的紧急助人情境问卷具有较好的信度和效度，可用于评估个体的紧急助人倾向。

三　研究结果与讨论

表 3 的相关分析结果表明生命道德感与爱、敬畏呈低程度的正相关，与同情呈中等程度的正相关。这表明生命道德感与已有的道德情感的相关构念有相通之处，也存在不同。生命道德感还与动物虐待，攻击行为呈显著负相关，特别是与攻击行为呈中等程度的负相关，其中尊重和敬畏生命与自我攻击行为负相关程度更高，关爱和保护生命与语言攻击和身体攻击相关程度更高。这可能跟尊重和敬畏生命的自我指向属性有关，关怀和保护生命与他人指向属性有关。可见，生命道德感低的人，具有更多的动物虐待行为和攻击行为，特别是生命道德感越高，攻击行为更少。此外，生命道德感与亲社会行为显著正相关，其中生命道德感与紧急助人的相关程度高于与一般利他行为的相关。和生命道德感相比，生命意义感与一般利他相关程度更高，与紧急助人相关程度更低，且生命意义感与同情，攻击和虐待行为相关程

度更低。这些结果再次说明生命道德感是一个与生命意义感存在差异的心理学构念。

表 3　　　　　　　　　　生命道德感与外化行为的相关研究

	M± SD	尊重和敬畏生命	关怀和保护生命	生命道德感	生命意义感
爱	26.67±6.38	.23***	.27***	.27***	.22***
同情	27.00±5.25	.47***	.59***	.56***	.37***
敬畏	27.97±5.52	.30***	.40***	.37***	.40***
语言攻击	14.67±5.29	-.36***	-.40***	-.41***	-.15***
身体攻击	19.53±5.61	-.34***	-.38***	-.38***	-.14***
自我攻击	13.13±4.02	-.40***	-.34***	-.40***	-.10*
攻击	47.33±12.89	-.42***	-.44***	-.46***	-.15***
动物虐待	7.73±3.31	-.32***	-.38***	-.37***	-.12**
一般利他	55.91±13.64	.03	.14***	.09*	.40***
紧急助人	25.10±5.42	.30***	.45***	.40***	.21***

第三节　总讨论与结论

　　同生命意义一样，生命道德可最早追溯到"人类为何存在"这一形而上学的哲学问题的探讨，个体如何对待自己、他人和他物的生命态度与对待自己和他人生命的心理和行为紧密相关，因而有必要把生命道德从哲学领域带到心理学研究领域。本研究从人格与动机的取向出发，把生命道德感界定为个体尊重和敬畏生命，关爱和保护生命的程度，既是一种人格倾向，也是一种情境刺激下的状态，可导致内化健康和外化行为的结果。

　　本研究的相关分析结果表明生命道德感与生命意义感存在相通之处，又不完全等同于生命意义感。首先，研究一结果表明两者呈低程度的相关，生命道德感和生命意义感都与抑郁的健康问题存在显著负相关；其次，研究二结果表明生命道德感与紧急助人相关程度更高，生命意义感与一般利他行为相关更高。这可能因为生命意义感更多与健康、情绪和幸福感等相关更密切，亲社会行为有利于增加生命意义感（Van Tongeren, Green, Davis, Hook & Hulsey, 2016），[①] 但当生命处于紧急危险状况下时，生命道德感对这种危急情况下的紧急助人有更好的预测力。此外，研究还发现生命意义感与攻击负相关程度不高，而生命道德感与语言攻击，身体攻击和自我攻击行为呈偏中等程度的显著负相关。这表明一个尊重和敬畏生命，关爱和保护生命的人则会对其他生命表现出明显更少的攻击和伤害行为，这可能是生命道德感与生命意义感存在较大差异的一个地方。可见，生命道德感在与伤害他人和自己生命相关的心理和行为方面相关更密切，如紧急助人，伤害行为。这些结果进一步证实了本研究的理论建构。

此外，生命道德感具有自我超越情感的属性，与爱，同情等自我超越情感存在交集，但不完全等同，它强调日常生活中对生命的情感关怀，及在生命危急时刻是否伸出援手，爱广于生命道德感，同情只是生命道德感的一部分，生命道德感比其他自我超越情感更能解释一些与生命息息相关的心理和行为。同时，本研究发现生命道德感的社会赞许性不高，可能因为个体对生命的态度涉及的是一种道德底层的界限，没有太多社会赞许效应，与研究构念相符合。且生命道德感与性别、年龄、是否是独生子女、户籍所在地、受教育程度的人口统计学变量相关都不显著，也同样侧面反映生命道德感作为人类基本道德的属性特征，不容易受外在条件的影响和制约。

总之，生命道德感问卷的测量手段使生命道德研究不止停留在哲学视角，促进了生命道德心理化研究的历程。和过去的相近概念相比，一个新的心理构念要有其独特性。研究结果发现生命道德感不同于生命意义感和已有的道德情感构念，具有较低的社会赞许性，与内化健康和攻击，虐待，一般利他和紧急助人的外化行为相关都显著，这些结果与本研究的生命道德感理论建构相符合，表明该问卷具有较好的聚合效度和辨别效度；同时，生命道德感这些理论意义上的独特性有待未来更多实

---

① Van Tongeren, D. R., Green, J. D., Davis, D. E., Hook, J. N. and Hulsey, T. L., "Prosociality Enhances Meaning in Life", *The Journal of Positive Psychology*, Vol. 11, No. 3, 2016, pp. 225-236.

证研究进一步检验，本研究结果为探讨生命道德感与内化健康和外化社会行为的关系探讨提供了研究的基础。

综上，生命道德感问卷具有较好的辨别和聚合效度，与理论建构相符合，可作为一个操作性工具用于评估生命道德感的个体差异性。

第五章

生命道德感对自我伤害行为的影响及机制研究

第一节　问题提出

在过去几十年里，临床和非临床的样本中自我伤害行为的发生率呈明显增长的趋势，自我伤害行为已经成为一个严重的全球性的公共卫生问题（Doyle，Sheridan & Treacy，2017；Swannell，Martin，Page，Hasking & St John，2014）。对自我伤害行为的界定存在诸多争议，不同的研究者使用不同的术语。自我伤害行为常混淆于自杀行为，但两者存在很大的差异在于：首先，自杀者有结束自己生命的意图，而自我伤害行为没有死亡的意图；其次，自杀行为一般具有致命性，自我伤害行为只是伤害个体的身体，但对身体不造成致命的伤害（冯玉，2008）。[1] 概括起来，自我伤害行为的特点主要包括无自杀动机；故意性，即个体对所采取的自伤行为应该是有意识的，不是在自动、无意识的情况下发生；自我伤害行为对身体造成轻微或中度的伤害；具有可重复性，自我伤害行为应是可重复发生的，因为致命性的伤害行为很难重复；同时，自我伤害行为表现是不被社会接纳与认可的（冯玉，2008）。自我伤害行为比自杀行为更容易发生，因此，我们重点关注生命道德感对自我伤害行为的影响。根据国内外对自我伤害行为的研究现状，本研究把自我伤害行为界定为在没有自杀意图的情况下，个体故意、重复地改变或伤害自己的身体组织，但其行为不具致命性或致命性低（Gratz，2001）。[2]

---

[1] 冯玉：《青少年自我伤害行为与个体情绪因素和家庭环境因素的关系》，硕士学位论文，华中师范大学，2008 年。

[2] Gratz，K. L.，"Measurement of Deliberate Self-harm: Preliminary Data on the Deliberate Self-harm Inventory"，*Journal of Psychopathology and Behavioral Assessment*，Vol. 23，No. 4，2001，pp. 253-263.

事实上，人们开始越来越多地关注青少年的自我伤害行为，因为他们更容易进行自我伤害（Yang & Feldman，2017），且第一次的自我伤害行为常常主要发生在 12—13 岁的青少年身上（Swannell et al.，2014）。在中国，普通青少年发生至少一次自我伤害行为的比率是 45.6% 至 57.4%（郑莺，2006；冯玉，2008），而在青少年犯罪群体中高达 83.5%（冯玉，2008）。郑莺（2006）的研究发现 57% 的第一次自我伤害行为发生在 12—15 岁之间。[①] 青少年因缺乏一定的处理事情、心态调整的能力和社会阅历，在面对无法预知的变化与无法接受的事实发生时，无法妥善处理，进而产生较大的心理波动，这种波动很多时候是间歇性的，不属于精神疾病的范畴，青少年用自身精神的折磨或身体的伤害达到补偿心理的一种现象。青少年的生活阅历和生活技能不足，导致没有较强的能力去驾驭自己的思维，妥善面对自己的难题，容易陷入极端的思维怪圈，通过自我伤害来逃避和应对。因而，本研究把关注点聚焦于青少年的自我伤害行为。此外，自我伤害行为还是一个相对容易被忽视的问题，因为人们无法直接地看到自我伤害行为，只有最严重的自我伤害才能被人看到（Simm，Roen & Daiches，2008）。[②] 尽管自我伤害行为不会立即导致死亡，也不会给他人的生命带来威胁，但它给身体带来极大的伤害，也是未来自杀的一个强有力的预测因素（Hawton & Harriss，2007）。[③]

迄今为止，大多数研究者重点关注导致自我伤害行为的危险因素，如童年虐待，童年忽视，同伴侵害，冲动性，情感失调和精神障碍（Doyle，2017；Doyle，Sheridan & Treacy，2017；Feng，2008；Yang & Feldman，2017），较少关注自我伤害行为的预防因素，对这种积极因素也同样值得研究者们越来越多地关注。因此，本研究尝试探讨减少青少年自我伤害水平的预防性因素。

---

① 郑莺：《武汉市中学生自我伤害行为流行学调查及其功能模型》，硕士学位论文，华中师范大学，2006 年。

② Simm, R., Roen, K. and Daiches, A., "Educational Professionals' Experiences of Self-harm in Primary School Children: ' You Don't Really Believe, Unless You See It'", *Oxford Review of Education*, Vol. 34, No. 2, 2008, pp. 253-269.

③ Hawton, K. and Harriss, L., "Deliberate Self-harm in Young People: Characteristics and Subsequent Mortality in a 20-year Cohort of Patients Presenting to Hospital", *Journal of Clinical Psychiatry*, Vol. 68, No. 10, 2007, pp. 1574-1583.

　　根据生命道德感理论假说，生命道德感是一种具有综合自我指向和他人指向双重属性的态度倾向，生命道德感具有自我取向，指的是具有较高生命道德感的个体更珍惜自己的生命，有更少的伤害自己生命的行为。生命道德感的效度研究结果已经表明生命道德感和内化健康存在显著性负相关，个体的生命道德感越弱，其健康问题越严重，自我攻击倾向也越强。此外，研究也发现对自杀的道德反对和负性态度分数越高，其自杀行为的可能性也就越低（Anglin, Gabriel & Kaslow, 2005；Bender, 2000；Richardson-Vjlgaard, Sher, Oquendo, Lizardi & Stanley, 2009）。因此，为检验生命道德感的自我取向假设，我们重点关注青少年生命道德感对自我伤害行为的积极影响，并试图进一步探讨生命道德感对自我伤害行为的中介机制问题。

　　社会联结是青少年健康的一个重要的保护性资产（Arbona & Power, 2003；Klemera, Brooks, Chester, Magnusson & Spencer, 2017）。根据依恋理论（Bowlby, 1969），依恋不仅可以增加婴儿时期生存的概率，也可以促进其在整个生命历程中的发展性适应。[①] Bowlby 认为在个体和依恋对象的交往中会逐渐形成个体和依恋对象之间的内部工作模式（Internal Working Models, IWMs），它是对早期依恋经验的内部表征。内部工作模式是基于年幼儿童对依恋对象的行为的预期而建立的，之后逐渐发展成为包括儿童自身、依恋对象、对各种关系经验的解释，以及如何与他人交往的决策规则等内容极为广泛的表征。内部工作模式中最重要的两个角色：一个是依恋对象，指的是当婴儿需要时看护者是否是可得的、敏感的和有反应的；另一个是婴儿自身，指的是婴儿认为自我是否有价值或是否值得他人的关爱和看护。如果依恋人物在他需要的时候总是可得的，对他的需求也是敏感的，个体很容易和依恋人物建立一种安全的依恋，儿童也会体验到自己值得被人关爱，也发现他人是可靠的。然而，如果这些依恋人物在他需要的时候总是不可得，而且反应也不一致，个体很容易发展出一种不安全的依恋，儿童会容易产生一种自己不值得被爱的感觉。依恋是一种把我们和重要他人联系在一起的情感联结，这种人际联结感在心理健康的发展过程中发挥重要的作用。最近

---

① Bowlby, J., *Attachment*, London: The Hogarth press, 1969.

一项纵向研究发现，综合性的联结感（包括家庭、学校、同伴和邻居的联结）可显著预测幸福感（Jose，Ryan & Pryor，2012）。

中国古代儒家提出，身体发肤，受之父母，不敢毁伤，孝之始也（汪受宽，2004）。[①] 生命源之父母，当我们考虑生命道德问题的时候，特别是我们自身生命问题时，很容易和我们自己的父母联系在一起。父母不仅给了我们生命，也是我们人生中面对各种压力时的缓冲器，因此，一个强而有力的亲子联结在生命道德感和自我伤害行为中可能发挥一个重要的作用。研究发现亲子联结负向预测青少年的抑郁和焦虑（Khalid，Qadir，Chan & Schwannauer，2018）。且有证据表明较弱的亲子联结经历在边缘性人格障碍的代际传递中扮演重要的角色（Infurna et al.，2016）。那些没有得到很好照看的青少年在自我伤害行为发生之前的数月报告更多的负性情绪（Wadman et al.，2017）。[②] 此外，研究表明一个安全的依恋关系有助于缓冲冲突和霸凌对问题行为的恶劣影响（Choi，He & Harachi，2008；Claes，Luyckx，Baetens，Ven & Witteman，2015）。基于这些，我们可以合理地推测具有较高生命道德感水平的青少年可能与父母存在较好的联结，进而有更少的自我伤害行为。

随着儿童的成长，他们花越来越多的时间和同伴在一起社交，和父母的时间越来越少。因此，同伴成为青少年从儿童期过渡到成年期不可或缺的重要人物。生命道德感是一种尊重和关怀生命的态度倾向，具有较高生命道德的个体更倾向尊重和关怀他人，其中也包括同伴，特别是自己的朋友。对他人的一种支持性的关怀有助于促进联结感（Osborne & Patel，2013；Sanders & Hall，2018），因而，生命道德感可能与同伴联结感存在相关。此外，研究发现同伴间的沟通和信任增加了寻求社会支持的可能性，而较差的同伴关系与青少年心理问题的出现存在关系（Armsden，McCauley，Greenberg，Burke & Mitchell，1990），以至于同伴拒绝是自杀行为的一个危险性因素（Berman & Schwartz，1990）。同伴支持与青少年心理胜任力相关密切，因而可以保护青少年

---

① 汪受宽：《孝经译注》，上海古籍出版社 2004 年版。

② Wadman, R., Clarke, D., Sayal, K., Armstrong, M., Harroe, C., Majumder, P., Vostanis, P. and Townsend, E., "A Sequence Analysis of Patterns in Self-harm in Young People with and without Experience of Being Looked After in Care", *British Journal of Clinical Psychology*, Vol. 56, No. 4, 2017, pp. 388-407.

免于自我伤害。但也有研究发现同伴支持不能作为自我伤害行为中的一个保护性的健康资产（Klemera et al.，2017）。[1] 可见，关于同伴在自我伤害行为中作用的结论是不一致的，因而有必要进一步探讨同伴联结在生命道德感与自我伤害行为中的作用。

生命道德感可能通过人际联结感影响自我伤害行为，但这种影响可能存在边界条件。自杀的文化模型（The Culture Model of Suicide）假设提出文化会影响导致自杀的各种压力源，强调对人们如何感受和应对压力，和自杀的想法、意图、计划及尝试的表现形式的影响（Chu，Goldblum，Floyd & Bongar，2010）。研究已发现自我伤害行为存在明显的民族差异，国外研究发现少数民族自我伤害行为的比率比白人青少年的比率更高（Polanco-Roman，Tsypes，Soffer & Miranda，2014；Taliaferro，Muehlenkamp，Borowsky，McMorris & Kugler，2012；Swahn et al.，2012）。国内研究结果也发现和汉族青少年相比，少数民族的青少年有更低水平的心理健康状况（解亚宁等，1993；木云珍等，2009）。因此，民族可能是影响自我伤害行为的重要因素。

中国有 55 个少数民族，在 2010 年的人口普查中，少数民族人口占中国人口总数的 8.49%（国家统计局，2011）。[2] 许多少数民族有它们自己的文化，明显地不同于汉族。对自杀的文化禁忌会影响人们是否考虑自杀作为一个可行的办法（Chu et al.，2010）。不同的文化对待生命有自己独特的文化禁忌，比如，在某一文化中的个体可能保留剥夺自己生命的假定权利，不用担心或沮丧。传统的儒家文化中的孝道对汉族人有着深远的影响，因为生命始于父母，因此，不伤害自己的生命是对父母最基本的孝顺。最近一个研究发现来自中国不同民族的个体有着不同的生命价值体系，汉族的青少年比少数民族的青少年更尊重和珍惜生命（周佳，2011）。[3] 因此，汉族的青少年可能形成更多的社会联结感，特

---

① Klemera，E.，Brooks，F.，Chester，K.，Magnusson，J. and Spencer，N.，"Self-harm in Adolescence: Protective Health Assets in the Family，School and Community"，*International Journal of Public Health*，Vol. 62，No. 6，2017，pp. 631-638.

② 国家统计局：《2010 年第六次全国人口普查蓝皮书》，2011 年。http://www.stats.gov.cn/tjsj/pcsj/rkpc/6rp/indexch.htm。

③ 周佳：《西南地区少数民族大学生生命价值观问卷编制与施测》，硕士学位论文，西南大学，2011 年。

别是和父母。

此外，死亡率和稀缺资源可能以进化性的适应手段来改变人们依恋的形成（Chisholm，1996）。[①] 在人们能感觉自己身心安全，并可获得情感支持，死亡率低的文化里，人们容易形成更多的安全依恋（Schmitt，2008）。汉族的经济水平，教育和心理卫生服务比少数民族的整体水平相对更好（木云珍等，2009；王美艳等，2012），这表明汉族的青少年有更高质量的生命保障，使得他们更可能得到来自家庭和同伴高水平的支持。因此，我们假设，民族可能调节生命道德感对父母和同伴联结的影响，且汉族的生命道德感对人际联结的积极影响强于少数民族。

总之，本研究试图考查生命道德感对自我伤害行为的影响，并且同时考查了父母和同伴的社会联结感在生命道德感与自我伤害行为中的中介作用，和民族的调节作用。我们尝试验证一个有调节的中介模型，见图1，假设人际联结感中介了生命道德感与自我伤害行为的关系，且该中介效应受不同民族的调节。为更好地区分父母联结感和同伴联结感的作用，我们提出两个研究假设：

图1　生命道德感与自我伤害行为的有调节的中介理论模型

假设1：父母联结感中介生命道德感与自我伤害行为的关系，且中介效应受民族的调节，即个体的生命道德感越高，与父母的联结感越强，进而自我伤害行为更少，这种影响对汉族的青少年更强。

假设2：同伴联结感中介生命道德感与自我伤害行为的关系，且中介效应受民族的调节，即个体的生命道德感越高，与同伴的联结感越强，进而自我伤害行为更少，这种影响对汉族的青少年更强。

---

① Chisholm, J., "The Evolutionary Ecology of Attachment Organization", *Human Nature— an Interdisciplinary Biosocial Perspective*, Vol. 7, No. 1, 1996, pp. 1-37.

第二节　研究方法与过程

一　研究被试

本研究采用团体施测和个人施测的方式进行，研究对象为在校中学生，主要来自江西，广西和贵州三个省区。共发放预试问卷 809 份，其中 37 个被试者的问卷作答无效而予以删除，回收有效问卷 772 份，回收有效率为 95.43%，被试年龄分布在 12—18 岁，平均年龄 19.53 岁（SD＝1.10），其中男性 358 人，女性 414 人。275 名被试者来自初中一年级（35.6%），316 名被试者来自二年级（40.9%），181 名被试者来自初中三年级（23.4%）。391 名被试者来自农村（50.6%），375 名被试者来自城镇（48.7%），6 名被试者没有报告他们的家庭所在地。此外，343 名被者试来自江西省和贵州省的汉族（44.4%），429 名被试者来自贵州和广西的少数民族（55.6%），这些少数民族主要是壮族（38.7%）和布依族（50.1%），这两个少数民族是中国少数民族人口数量较多的民族。本研究的样本量有足够的统计力去探测最小的效应，根据 G-power 运算，线性回归分析要求至少要 713 个样本量，可具有 90%的统计力探测最小的效应量 f^2＝.02。

二　测量工具

（一）生命道德感问卷（Moral Sense of Life，MSL）

本研究编制的 8 个题项的生命道德感问卷，采用 7 等级评分，1 代表完全不同意，7 代表完全同意。分数越高，代表生命道德感越强。在本研究中该问卷具有较好的信度（α＝.85）。

（二）自我与他人重叠问卷（Inclusion of Other in the Self Scale，IOS）

IOS 问卷用一个项目来评估个体的人际联结感，具有较好的重测信度和效度（Aron，Aron，Smollan，1992）。[①] 被试者需要在 7 对圈圈中

---

① Aron, A., Aron, E. N. and Smollan, D. "Inclusion of Other in the Self Scale and the Structure of Interpersonal Closeness", *Journal of Personality and Social Psychology*, Vol. 63, No. 4, 1992, pp. 596–612.

选择一个能表示自己与他人关系的一对圈圈。每对圆圈中左边的圆圈代表自己，右边的圆圈代表他人，7 对与圆圈从不重叠逐渐演变到重叠很大，两个圆圈的重合程度就代表自我与他人关系的联结程度。在本研究中，被试者需要分别评估自己与父母和朋友的重合程度。

（三）青少年自我伤害行为量表（Adolescents Self - Harm Scale, ASH）

ASH 量表主要用来评估中国青少年的自我伤害行为，一种没有自杀动机的自我伤害行为（冯玉，2008）。[①] 冯玉（2008）在一般自我伤害行为问卷（the General Self-harm Questionnaire, Gratz, 2001）和修订的自我伤害功能量表（the revised Functional Assessment of Self-Mutilation, 郑莺，2006）的基础上编制了 ASH 量表，共有 18 个题目用来评估常见的自我伤害行为的频率和严重程度，如故意用玻璃、小刀等划伤自己的皮肤。受伤程度的严重性是自我伤害行为一个很重要的指标，且该量表的严重性评估有一定的外部标准，具有一定的客观性，为了更便捷地检验有中介的调节模型，本研究只采用严重性指标作为对自我伤害行为的评估。被试者需要在 5 点等级量表中评估不同种类的常见的自我伤害行为的严重性程度，1 代表没有伤害，5 代表极严重，需要住院治疗，分数越高，自我伤害行为就越严重。本研究中，自我伤害行为量表具有较高的内部一致性信度（$\alpha = .96$）。

三　研究程序与数据分析

数据在 2018 年 5 月至 6 月收集，在采集数据之前，我们获得学校行政部门和被试者的同意，所有被试者都自愿参加研究，而且被告知在作答过程中可随时退出。被试者需要按以下顺序完成相关量表：人口学信息（性别，年龄，年级，家庭所在地，民族），生命道德感量表，自我与他人重叠量表，青少年自我伤害行为量表。数据收回后，我们首先对所有数据作了基础性的分析，包括采用 Mplus 7 对所有项目进行验证性因素分析来测量共同方法偏差。还对四个核心变量和人口学变量作了描述统计和相关性分析。其次，在通过对类别变量编码成哑变量之后，

---

① 冯玉：《青少年自我伤害行为与个体情绪因素和家庭环境因素的关系》，硕士学位论文，华中师范大学，2008 年。

和对连续变量标准化后，我们采用 Hayes 的 PROCESS for SPSS 作了有调节的中介分析来检验父母联结的有调节的中介模型。最后，我们检验了朋友联结的有调节的中介理论模型。

第三节　研究结果

一　共同方法偏差检验

验证性因素分析结果表明包含生命道德感、人际联结感和自我伤害行为的三个因素模型（$X^2 = 983.64$，$X^2/df = 2.83$，$p < .001$，RMSEA $= .05$，CFI $= .90$，TLI $= .89$，SRMR $= .05$）的模型拟合指数优于单因素模型（$X^2 = 1896.72$，$X^2/df = 5.42$，$p < .001$，RMSEA $= .08$，CFI $= .76$，TLI $= .74$，SRMR $= .12$）。该结果表明没有存在一个可解释大部分差异的公因子存在，本研究不存在严重的共同方法偏差。

二　自我伤害行为的描述性分析和相关性分析

自我伤害行为的现状分析发现只有 265（34.33%）名中学生没有自我伤害行为，507（65.67%）名学生有至少一次的自我伤害行为的历史，其中 300（59.17%）名人来自少数民族，207（40.83%）名人来自汉族，列联表分析结果表明少数民族中学生自我伤害行为的严重程度显著高于汉族的中学生（$X^2 = 7.76$，$p < .01$）。此外，表 1 结果表明中学生有相对较高的生命道德感，显著高于生命道德感量表的平均值，M $= 32$，$t(771) = 67.58$，$p < .001$，d $= 4.87$。此外，对表 1 父母联结感和中学生联结感进行检验，发现中学生与朋友的联结感显著高于父母，$t(771) = 3.94$，$p < .001$，d $= .28$。

三　父母联结的有调节的中介模型检验

在把民族（1 = 汉族，0 = 少数民族），性别（1 = 男性，0 = 女性）和家庭所在地（1 = 城镇，0 = 农村）编码为哑变量后，对生命道德感，父母联结感，朋友联结感，自我伤害行为，教育程度的量表分数进行标准化，我们采用 Hayes 的 PROCESS 中 Bootstrap 程序（Bootstrap = 5000）进行有调节的中介检验（Hayes，2013），[1] 根据有调节的中介模型的检验步骤（温忠麟，叶宝娟，2014），[2] 我们首先检验在控制这些协变量后，民族在生命道德感与自我伤害行为关系中的调节作用，表 2 模型 1 的结果显示，生命道德感和民族都负向预测自我伤害行为，但生命道德感与民族的交互作用不显著，这表明民族并未调节生命道德感与自我伤害行为的显著影响，为检验两个有调节的中介模型提供了基础（Muller，Judd & Yzerbyt，2005）。

然后，我们检验了民族在生命道德感和父母联结中的调节作用。表 2 的模型 2 结果显示生命道德感正向预测父母联结，但生命道德感与民族的交互作用不显著。最后我们检验了生命道德感和父母联结感对自我伤害行为的影响，表 2 的模型 3 结果显示生命道德感和父母联结负向预测自我伤害行为。并且父母联结的间接效应是显著的，具体来说，汉族中学生父母联结感的间接效应是显著的（$\beta = -.03$，95% CI [-.06，-.01]），少数民族中学生父母联结的间接效应也是显著的（$\beta = -.02$，95% CI [-.05，-.003]），但两个中介效应并未受到民族的调节（$\beta = -.01$，95% CI [-.04，.01]）。因此，父母联结中介生命道德感对自我伤害行为的影响，该中介效应并未受到民族的调节。

四　朋友联结的有调节的中介模型检验

在表 2 模型 1 的基础上，我们进一步检验了朋友联结的中介调节模型。我们首先检验了民族在生命道德感与朋友联结中间的调节作用，表 2 的模型 4 结果表明，生命道德感和民族的主效应和调节效应都不显著。最后，我们检验了生命道德感与朋友联结对自我伤害行为的影响，表 2 模型 5 的结果表明生命道德感负向预测自我伤害行为，但朋友联结对自我伤害行为效应不显著。此外汉族中学生朋友联结的间接效应不显著（$\beta = -.005$，95% CI [-.02，.01]），少数民族中学生朋友联结的间接效应也不显著（$\beta = -.002$，95% CI [-.02，.002]），且中介效应

① Hayes, A. F., *Introduction to Mediation, Moderation, and Conditional Process Analysis: A Regression-based Approach*, New York, NY: Guilford Press, 2013.

② 温忠麟等：《有调节的中介模型检验方法：竞争还是替补?》，《心理学报》2014 年第 1 期。

没有受到民族的调节（β=−.004，95% CI［−.03，.003］）。因此，朋友联结没有中介生命道德感对自我伤害行为的影响，且民族对该中介效应的调节作用不显著。

表1　　　　　　　各变量之间的描述统计和相关分析

变量	M±SD	生命道德感	父母联结	朋友联结	自我伤害
生命道德感	50.57±7.63	−	−	−	−
父母联结	5.11±1.81	.22***	−	−	−
朋友联结	5.40±1.58	.14***	.28***	−	−
自我伤害	23.92±11.40	−.13***	−.12**	−.05	−
年龄	14.15±1.10	.09*	−.01	−.01	.10**
性别	−	−.12**	.02	−.01	.03
家庭所在地	−	.14***	.13***	.01	.08*
年级	−	.02	−.08*	−.01	.05
民族	−	−.12***	−.09*	−.02	−.14***

表2　　　　　　父母联结和朋友联结的有调节的中介模型检验

	模型1: 自我伤害		模型2: 父母联结		模型3: 自我伤害		模型4: 朋友联结		模型5: 自我伤害	
变量	β	95% CI	β	95% CI	β	95% CI	β	95% CID	β	95% CI
性别	.04	[−.10, .19]	.08	[−.06, .22]	.05	[−.09, .19]	.02	[−.13, .16]	.04	[−.10, .18]
年龄	.15**	[.04, .26]	.04	[−.06, .15]	.16**	[.05, .27]	−.03	[−.14, .08]	.15**	[.04, .26]
年级	−.05	[−.16, .05]	−.11*	[−.22, −.01]	−.07	[−.17, .04]	.01	[−.10, .12]	−.06	[−.16, .05]
家庭所在地	−.01	[−.19, .16]	−.18*	[−.36, −.01]	−.21**	[−.35, −.06]	.01	[−.18, .17]	−.19**	[−.33, −.04]
生命道德感	−.08**	[−.29, −.07]	.15**	[.04, .25]	−.13***	[−.21, −.06]	.06	[−.05, .17]	−.15***	[−.23, −.08]
民族	−.29**	[−.47, −.12]	−.03	[−.20, .14]	−	−	−.01	[−.19, .17]	−	−
生命道德感×民族	.03	[−.12, .17]	.09	[−.05, .24]	−	−	.12	[−.03, .26]	−	−
父母联结	−	−	−	−	−.12**	[−.19, −.04]	−	−	−	−
朋友联结	−	−	−	−	−	−	−	−	−.03	[−.10, .04]

第四节 讨论与结论

和之前用同样测量工具发现的青少年自我伤害行为的 45.6% 至 57.4% 相比（冯玉，2008；张莺，2006），本研究发现 65.67% 的初中生报告有至少一次的自我伤害行为，自我伤害行为的流行率似乎在普通人群中呈现一种增长的趋势。而西方国家在非临床样本中发现的自我伤害行为的流行率是 13% 至 17%（Stänicke, Hanne & Gullestad, 2018），造成结果如此巨大差异的一个很重要的原因是不同的测评工具，测量工具极大地影响自我伤害行为流行率的评估，一系列自我伤害行为项目的评定比单个项目造成的流行比率会显著更高（Muehlenkamp, Claes, Havertape & Plener, 2012），这些方法因素贡献了自我伤害行为流行比率一半以上的异质性（Swannell et al., 2014）。此外，证据表明少数民族有更高的自我伤害行为比率，该结果进一步证实少数民族青少年有更低的心理健康水平（木云珍等，2009）。[1] 这可能跟少数民族对心理健康的忽视存在密切关系。小学和中学义务阶段心理健康教育的普及化在少数民族这个群体中程度较低（黄重等，2013）。[2] 因此，中学生自我伤害行为的严峻现实，特别是少数民族群体，应该引起父母、教师和教育管理部门的极大重视。

生命道德感负向预测自我伤害行为，为生命道德感自我取向属性的理论假设提供了实证支持。美籍非洲人和拉丁美洲人对自杀行为持不可接受或不道德的认知判断可显著预测更低的自杀行为（Anglin, Gabriel & Kaslow, 2005），相反，对生命有更多尊重和关怀的人们则会更少地伤害自己。此外，与父母的联结是生命道德感与自我伤害行为之间一个重要的心理机制，当人们越尊重和敬畏生命，他们首先会更尊重和保护自己的生命，因而他们越可能尝试与给予他们生命的父母建立一个好的联结。大量研究已经越来越认同父母联结在维持青少年健康和幸福感的

---

[1] 木云珍等：《汉族与少数民族医学生心理健康状况比较分析》，《昆明医学院学报》2009 年第 8 期。

[2] 黄重等：《少数民族中小学生心理健康影响因素研究述评》，《武夷学院学报》2013 年第 3 期。

重要性（Brooks et al.，2015；Cava，Buelga & Musitu，2014；Levin，Dallago & Currie，2012；Rothon，Goodwin & Stansfeld，2012）。研究也发现有故意自我伤害行为的青少年可寻求帮助的人更少，他们不太愿意和他们的家庭成员讨论他们的问题（Evans，Hawton & Rodham，2005）。因此，有更高生命道德感的人们与父母有更多的联结，进而他们有更少的自我伤害行为。

研究结果发现青少年与朋友的联结显著高于与父母的联结感，这表明朋友确实是青少年人生中一个很重要的依恋人物。生命道德感与朋友的联结感呈显著正相关，但朋友联结与自我伤害行为相关不显著，且朋友联结并未中介生命道德感与自我伤害行为的关系。本研究的第二个研究假设没有得到证实，但该发现与一个研究的结果一致，同伴支持不是青少年自我伤害行为的一个有力的保护性因素（Klemera et al.，2017）。尽管与依恋人物维持积极的关系与低水平的青少年内化和外化问题关系密切（Moreira，Fonseca & Canavarro，2017），但最近的研究越来越表明父母支持对青少年群体的重要性（Bifulco et al.，2014；Burton，2014）。比如说，霸凌和侵害对自我伤害行为的负面影响在那些能得到较好的父母支持的青少年群体中不存在（Claes，Luyckx，Baetens，Van de Ven & Witteman，2015）。马（Ma）和许布纳（Huebner）（2008）指出与父母保持充分的联结有助于青少年幸福感的积极发展，它的作用甚至超过同伴联结。① 同伴似乎不能完全地取代父母成为青少年的主要社会支持网络。特别是在某些与生命息息相关的情境中，同伴并没有足够的能力和精力提供帮助。原生家庭对每个人的成长都有举足轻重的作用，特别在面临生命受威胁的情况下，青少年通常得到更多的是父母的支持和关心，而非同伴。

民族没有调节父母联结的显著中介效应和朋友联结不显著的中介效应，这表明父母联结，而非同伴联结，是生命道德感影响自我伤害行为的重要中介变量，这个心理机制具有跨民族的一致性。随着民族交流和融合不断的扩展和加强，汉族和少数民族的差异在很多方面逐渐缩小。

① Ma，C. Q. and Huebner，E. S.，"Attachment Relationships and Adolescents' Life Satisfaction: Some Relationships Matter More to Girls than Boys"，*Psychology in the Schools*，Vol. 45，No. 2，2008，pp. 177-190.

中国少数民族人口的流动性呈现增长的趋势，少数民族的人们倾向于选择到经济相对发达一点的城市定居（肖锐，2016）。[①] 甚至一些少数民族有明显的汉化趋势，包括取名字的习俗，少数民族的人们在寻求新形式的民族认同（邢莉等，2013）。[②] 而本研究的少数民族被试者从小就学普通话，也用普通话来作答问卷，少数民族和汉族的日常教育和生活方式没有存在很大差异。也许在那些生死观有自己民族特色的少数民族群体中可以发现民族的调节作用。第二个原因就是一些和生命相关的心理机制是普遍的，他们可能具有跨民族和跨种族的属性。因此，生命道德感是人类一个基本的道德，生命道德感影响自我伤害行为的心理机制并未涉及民族文化特异性的本质。

本研究有以下不足。首先，大部分的少数民族被试者主要来自壮族和布依族。两个少数民族的被试者所生活的地区有较强的汉化倾向。在本研究中，民族也被证实与生命道德感、父母联结、自我伤害相关密切，中国有 55 个少数民族遍布全国，他们之间的文化和习俗也是彼此不同的。因此，我们需要更多样化的样本来验证我们的结论，特别是那些对死亡持更多包容性态度的少数民族群体。其次，因为本研究主要使用问卷法，无法得出因果关系。生命道德感是一种态度倾向，态度能够在外在刺激下发生改变，如叙事回忆，观看或阅读一个感人的生命故事。未来研究可考虑实验诱导的生命道德感对内化健康的影响。再次，自我伤害行为不同于自杀，未来研究仍需要探讨生命道德感对自杀行为的影响。此外，本研究揭示生命道德感通过与父母的联结导致更少的自我伤害行为，与他人的联结感可能是生命道德感与内化健康和外化行为的重要心理机制，这还需要未来更多研究进行检验。最后，中学生的自我伤害行为是成年期身心障碍的一个强有力的预测因子，这需要引起父母和教师更多的关注。与父母的联结可以解释生命道德感对自我伤害行为总效应中的一部分效应，因此，未来研究需要进一步揭示其他潜在的可能的机制。对中介机制和调节机制更深入的探讨可为自我伤害行为的

---

① 肖锐：《当前我国少数民族流动人口的境况及变化趋势研究》，《中南民族大学学报》2016 年第 2 期。

② 邢莉等：《蒙古族命名习俗的汉化倾向与族群认同》，《中央民族大学学报》2013 年第 1 期。

预防和干预提供心理依据。

　　尽管存在这些不足，本研究的发现具有一定的理论意义。研究为生命道德感的理论假设提供了实证依据，生命道德感与内化健康，与生命相关的心理和行为相关密切，生命道德感对内化健康问题有自己独特的贡献。最重要的是，本研究揭示了生命道德感与内化健康的心理机制，父母联结，而非同伴联结，中介了生命道德感与自我伤害行为的关系。因此，我们的研究发现强调了父母在青少年生命受威胁时的重要性。

　　总之，具有较高生命道德感的个体与父母有更多的联结，进而他们有更少的自我伤害行为。此外，父母联结在生命道德感与自我伤害行为的心理机制有跨民族的一致性。因此，就如儒家所提倡的那样，"身体发肤，受之父母"，这种与父母的联结感让我们会更珍惜自己的生命。

第六章

生命道德感对亲社会行为倾向的
影响及机制研究

第一节　问题提出

生命道德感作为一个与人际行为密切相关的概念，有必要对生命道德感的社会行为后果及过程机制等问题展开深入探讨，可为减少攻击行为，增加亲社会行为提供启示与对策。古语有云："君子之于物也，爱之而弗仁；于民也，仁之而弗亲。亲亲而仁民，仁民而爱物"（《孟子·尽心上》）。这里"物"指自然万物，君子要亲亲、仁民、爱物。那君子如何做到仁民爱物？君子要"有均无上，亦无下"，所有生命在君子的眼中是平等的，没有高下贵贱之分，君子有一颗平等心。"君子以仁存心，以礼存心。仁者爱人，有礼者敬人，爱人者，人恒爱之"（《孟子·离娄下》）。从根本上说，君子要对生命怀抱一颗平等心，慈悲心，才能仁者爱人，即一个尊重生命和关怀生命的人会更多关心他人，体恤他人和帮助他人。某种程度上，在别人需要的时候对他人伸出援手侧面反映的是人们对生命的一种关怀，亲社会行为可被认为是人们表达生命道德重要性的一个主要途径。因此，本研究从积极心理学的视角出发，重点关注生命道德感对亲社会行为这一人际行为后果的影响。亲社会行为（prosocial behavior）指那些助人、慈善捐赠及自我牺牲等行为，广义的亲社会行为泛指那些有益他人和社会的行为，它对人类生存和社会发展至关重要（Penner, Dovidio, Piliavin & Schroeder, 2005）。[1]

---

[1] Penner, L. A., Dovidio, J. F., Piliavin, J. A. and Schroeder, D. A., "Prosocial Behavior: Multilevel Perspectives", *Annual Review of Psychology*, Vol. 56, No. 1, 2005, pp. 365 – 392.

回顾国内外已有文献发现，较少直接探讨生命道德感对亲社会行为的影响，但仍存在一些该领域的相关理论和实证研究。自我分类理论(self-categorization theory)认为社会自我概念中主要存在个人、社会和人类三种水平的自我分类。个人层面，自我不同于内群体其他人员；社会层面，自我与内群体成员相似，不同于外群体成员；人类层面，自我和其他人类相似，不同于非人类生物（Turner, Hogg, Oakes, Reicher & Wetherell, 1987）。沃尔（Wohl）和布兰斯科姆（Branscombe）（2005）研究发现扩大社会分类的包容性可增加宽恕。以此为基础，坦普尔顿（Templeton）（2007）提出扩大道德范畴的观点（expanding circle of morality theory），主张自我分类理论应该把社会相融性（social inclusiveness）扩展到非人类，扩大自我分类的相融性有利于人类和整个地球的福祉。[①] 实证研究也证实当自我与他人有更多相融的时候（inclusion of other in the self），导致更多的助人行为（钟毅平，杨子鹿，范伟，2015）。此外，价值观的理论也有助于更好地理解生命道德感。施瓦茨（1992）提出十种人类普遍的价值观模型，可分开放—保守，自我加强—自我超越两个维度，其中自我超越价值观（self-transcendence values）指平等接受他人，关心他人，主要包含普世主义和仁慈两种价值观。和自我加强的价值观（self-enhancement values）相比，自我超越价值观与公平、亲环境、关怀等亲社会态度正相关（Boer, Fischer, 2013）。如上所述，生命道德感具有自我超越的属性（Stellar, et. al., 2017），与同情心、敬畏存在交集，又存在差异，生命道德感广于同情心，还包含尊重和敬畏生命；生命道德感中的敬畏之心主要针对生命本身，而敬畏感还可来源于大自然，艺术作品等。研究发现自我超越的情感是导致亲社会行为强有力的决定性因素（Piff Dietze, Feinberg, Stancato & Keltner, 2015；Yaden, Haidt, Hood Jr., Vago & Newberg, 2017），这种类型的情感有利于解决人类进化中的抚育、合作和群体协调三个关键的社会问题（Stellar et. al., 2017）。[②]

---

① Templeton, J. L., Expanding Circle Morality: Believing That All Life Matters, PH. D. dissertation, Michigan: University of Michigan, 2007.

② Stellar, J. E., Gordon, A. M., Piff, P. K., Cordaro, D., Anderson, C. L., Bai, Y., Maruskin, L. A. and Keltner, D., "Self-transcendent Emotions and Their Social Functions: Compassion, Gratitude, and Awe Bind Us to Others Through Prosociality", *Emotion Review*, Vol. 9, No. 3, 2017, pp. 200-207.

反之，与生命道德感对立的冷酷无情特质（callous unemotional trait）是一种对他人冷漠，缺乏罪责感和低共情的人格倾向，伴随着高频率和高破坏性的反社会行为，甚至暴力犯罪（肖玉琴，张卓，宋平，杨波，2014）。由马基雅维利主义、自恋和精神病态组成的黑暗三人格（dark triad）同样具有冷酷无情、自我中心和缺乏责任感的特点，也与不道德行为和犯罪行为高度正相关（秦峰，许芳，2013）。由此可推测，生命道德感无论作为一种稳定的人格倾向，还是一种短暂的状态体验，都可导致更多的亲社会行为，特别是在生命危及情况下，当目睹他人生命处在危险边缘，具有高生命道德感的个体会倾向于提供尽可能多的帮助。因此，生命道德感在理论层面上是促进紧急助人行为的一个重要个体因素。

巴斯顿（Baston）（1981）提出共情利他主义假说（empathy-altruism hypothesis），认为个体的利他行为是由于对困境中个体的共情关心所引起的，共情关心导致利他行为。[1] 共情包含特质共情和状态共情两种，特质共情是一种在情绪上与他人产生共鸣的能力（Singer，2006），状态共情是个体在想象或观察他人所处的情境或情感状态后产生的情感反应（Hoffman，1977）。大量研究证实共情是预测亲社会行为的重要变量（Batson, Duncan, Ackerman, Buckley & Birch, 1981; Caprara, Alessandri & Eisenberg, 2012; Penner, Dovidio, Piliavin & Schroeder, 2005），不仅包含外显的亲社会行为，也包含内隐的助人倾向（程德华，杨治良，2009）。最近研究者通过 FMRI 研究考察利他行为的动机，发现利他主义者的脑区与利己主义者脑区功能结构不同，诱发共情的情况下，可增加利己主义者的利他行为（Hein, Morishima, Leiberg, Sul & Fehr, 2016），且共情关心可激活促进亲社会行为的脑区（FeldmanHall, Dalgleish, Evans & Mobbs, 2015）。尽管不同研究得出特质共情与状态共情和亲社会行为的相关程度高低不一，但总体而言都是正向预测关系（Eisenberg, Eggum & Di Giunta, 2010）。[2]

---

[1]　Batson, C. D., Duncan, B. D., Ackerman, P., Buckley, T. and Birch, K., "Is Empathic Emotion a Source of Altruistic Motivation?" *Journal of Personality and Social Psychology*, Vol. 40, No. 2, 1981, pp. 290-302.

[2]　Eisenberg, N., Eggum, N. D. and Di Giunta, L., "Empathy-related Responding: Associations with Prosocial Behavior, Aggression, and Intergroup Relations", *Social Issues and Policy Review*, Vol. 4, No. 1, 2010, pp. 143-180.

共情不仅可直接预测亲社会行为，也是其他因素影响亲社会行为的重要中介变量，这些影响既包含稳定的个体因素通过特质共情影响亲社会行为，如人格宜人性（Caprara，Alessandri & Eisenberg，2012），感恩特质（丁凤琴，宋有明，2017），安全依恋（Thompson & Gullone，2008）等，也包含情境因素通过状态共情影响亲社会行为。如社会排斥（Twenge，Baumeister，Dewall，Ciarocco，Bartels，2007），情绪状态（Telle，Pfister，2012），社会比较（郑晓莹，彭泗清，彭璐珞，2015）等。有纵向研究表明共情中介宜人性和自我超越价值观对亲社会行为的影响，要把一种稳定的人格特质或利他价值观转变成亲社会行为，共情可能是一个关键的中间因素（Caprara，Alessandri，Eisenberg，2012）。敬畏作为一种自我超越情感，使个体将自己看作更大事物的一部分，让自己感觉到渺小和谦卑（Piff，Dietze，Feinberg，Stancato & Keltner，2015）。[①] 敬畏体验中的个体更多关注周围，在描述自我时，较少使用"特别"这一类型的词语，更强调自己是宏观社会类别中的一员，如"一个人""一个地球上的居住者"（Shiota，Keltner，Mossman，2007）。相比其他情绪，诱发敬畏体验的被试报告更多自我与他人的联结的感觉，其中诱发自然敬畏的个体产生更多自我与全人类联结的感觉，诱发生命敬畏的个体产生更多自我与重要他人的联结（Van Cappellen & Saroglou，2012）。这意味着敬畏的体验会促使自我概念发生变化，使个体更少地关注自我，减少自我的重要性。实验证实这种小我（small self）在敬畏影响亲社会行为，社会群体的融入中发挥重要的中介作用（Bai，et al.，2017；Piff，Dietze，Feinberg，Stancato & Keltner，2015）。有研究者就认为共情就是减少自我与他人区别的过程，是自我与他人的融合（Davis，Conklin，Smith & Luce，1996）。基于此可推测，一个尊重、敬畏和关怀生命的人，有更少的自我关注，重视与他人的联结，因而面对他人困境时，会产生更高的共情反应，进而促进更多的亲社会行为。

然而，当面临他人的求助困境时，个体可能产生两种明显的情感反

---

① Piff，P. K.，Dietze，P.，Feinberg，M.，Stancato，D. M. and Keltner，D.，"Awe，the Small Self，and Prosocial Behavior"，*Journal of Personality and Social Psychology*，Vol. 108，No. 6，2015，pp. 883-899.

应：共情和个人压力（personal distress）。两者经常同时发生，且都导致亲社会行为，但存在明显的差异。共情导致利他主义动机去减少他人的需求，而个人压力导致自利主义动机以降低个体自身的厌恶唤醒（Batson，Fultz & Schoenrade，1987）。[①] 尊重和关怀生命容易促使个体对受害者产生同情、怜悯和温暖的感受。因此，我们推测生命道德感会促使个体对他人的苦难产生更多的同情进而导致利他反应，而非产生个人压力导致亲社会行为。

综上，本研究旨在探讨特质层面和状态层面的生命道德感对亲社会行为的影响及心理机制，提出以下假设：生命道德感可促进亲社会行为，且共情中介生命道德感对亲社会行为的影响，特别是紧急助人行为的影响。为检验这个假设，本研究由三个子研究构成，第一个研究通过问卷法探讨特质共情中介生命道德感（特质层面）对亲社会行为的影响。后两个研究通过实验法探讨状态共情中介生命道德感（状态层面）对亲社会行为的影响，研究二采用书写任务激活生命道德感，进而考查共情在有意识的生命道德感和一般亲社会行为中的中介心理机制，研究三同样通过书写任务激活生命道德感，考察共情，而非个人压力，在生命道德感影响紧急助人行为中的中介作用。

第二节　生命道德感特质对亲社会行为的影响：共情的中介作用

一　研究目的

本研究旨在探讨共情在特质层面的生命道德感与亲社会行为之间的中介作用。

二　研究方法与过程

（一）研究对象

本研究采用团体施测和个人施测的方式进行，研究对象为在校学

① Batson, C. D., Fultz, J. and Schoenrade, P. A., "Distress and Empathy: Two Qualitatively Distinct Vicarious Emotions with Different Motivational Consequences", *Journal of Personality*, Vol. 55, No. 1, 1987, pp. 19–39.

生。共发放预试问卷 328 份，回收有效问卷 305 份，回收有效率为 93%，被试年龄分布在 20.02+1.82，其中男性 81 人，女性 224 人，来自农村 195 人，城镇 110 人，高职或大专 136 人，本科 134 人，硕士 35 人。

（二）研究工具

1. 生命道德感问卷。本研究编制的 8 个题项的生命道德感问卷，采用 7 点等级评分，无反向计分题项，分数越高，代表生命道德感越强。在本研究中该问卷具有较好的信度（α=.85）。

2. 中文版人际指针反应量表 IRI—C。本研究采用的是由吴静吉等依据戴维斯（Davis，1980）所编的 Interpersonal Reactivity Index 修订而成的，共有 22 题。其中 Davis 界定了共情的四种成分，观点采择、想象、共情关注和个体忧伤。[①] 采用 5 点等级评分。该量表的内部一致性系数为 0.75，具有良好的效度，可用作同理心评估工具应用于中国人群。在本研究中该问卷具备较好的信度（α=.83）。

3. 亲社会行为问卷。该问卷由美国心理学家卡罗（Carlo）和兰德尔（Randall，2002）编制，由公开、匿名等六个分量表，23 个题项组成，采用 5 等级评分，该问卷已广泛用于评估个体的亲社会行为，具有较好的信度和效度。[②] 在本研究中该问卷具备较好的信度（α=.83）。

4. 一般社会赞许性量表。该问卷由吴燕（2008）自编，由操纵印象和自欺性拔高两个分量表构成，共 24 个题项，该量表的 Cronbach's a 系数为 0.803。[③] 本研究中该问卷具备较好的信度（α=.82）。

三 研究结果

（一）各变量的相关分析

相关分析结果表明生命道德感与亲社会行为显著正相关（r=.31，p<.001），其中生命道德感与紧急的（r=.32，p<0.001），匿名的

① Davis, M. H., "A Multidimensional Approach to Individual Differences in Empathy", JSAS *Catalog of Selected Documents in Psychology*, Vol. 10, 1980, p. 85.

② Carlo, G. and Randall, B. A., "The Development of a Measure of Prosocial Behaviors for Late Adolescents", *Journal of Youth and Adolescence*, Vol. 31, No. 1, 2002, pp. 31-44.

③ 吴燕:《人格测验中社会赞许性反应的测定与控制》，硕士学位论文，陕西师范大学，2008 年。

（r=.30，*p*<0.001）和情感性的（r=.23，*p*<.001）亲社会行为相关程度普遍高于生命道德感与公共的（r=.17，*p*=.003），一般利他性的（r=.15，*p*=.007）和顺从的（r=.11，*p*=.062）亲社会行为之间的相关。此外，生命道德感与共情（r=.22，*p*<.001）和社会赞许性（r=.19，*p*=.001）相关显著；亲社会行为与共情（r=.39，*p*<.001）和社会赞许性（r=.12，*p*=.039）也同样存在显著相关。

（二）共情在生命道德感与亲社会行为倾向中的中介效应分析

在对生命道德感、亲社会行为、共情和社会赞许性变量进行标准化后，把社会赞许性作为控制变量，采用 Hayes 的 PROCESS for SPSS（Hayes，2013）进行共情的中介作用检验。结果表明（见图1）生命道德感可显著预测亲社会行为（β = .30，*p* < 0.001；95% CI［.19，.41］），加入共情后，生命道德感仍然显著预测亲社会行为（β=.21，*p*<0.001；95% CI［.11，.32］），同时，共情在生命道德感与亲社会行为过程中的间接效应显著（β = .09，95% CI［.04，.15］）。根据中介效应量的基本性质（温忠麟，范息涛，叶宝娟 & 陈宇帅，2016），本研究重点报告间接效应占总效应 P_m 值的点估计和区间估计，结果显示中介效应占总效应的 29%，95% CI［.15，.47］，可见，共情中介了生命道德感倾向与亲社会行为的关系。

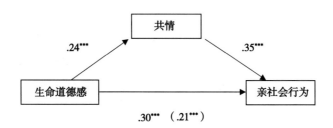

图1　共情中介生命道德感（特质）与亲社会行为的路径图

四　讨论

本研究验证了假设，一个人的生命道德感越强，其共情能力也越强，从而导致更多的亲社会行为。某种程度上，缺乏生命道德感的人会对生命表现出麻木、冷漠、轻蔑、无情，与冷酷无情特质表现接近。研究发现冷酷无情组和正常组被试者在道德认知发展上没有显著差异，但在道德情感上差异显著，他们对不道德行为不但不感到厌恶，反而期待、兴奋，并对他人的悲伤和恐惧缺乏共情（Feilhauer，Cima，Benjamins & Muris，2013）。[①] 因此，反过来，一个越尊重和敬畏生命，关爱和保护生命的人，面对他人困境时，就会有更多的同理心，从而更愿意去帮助他人。生命道德感既可是一种相对稳定的倾向，也可是一种短暂的个体体验，共情在状态层面的生命道德感与亲社会行为是否发挥同样的作用，这种机制是否存在稳健性，因此，研究二和研究三对此问题作了进一步探讨。

第三节　生命道德感状态对捐赠意愿的影响：共情的中介作用

一　研究目的

本研究通过书写任务唤醒生命道德感的体验，探讨共情状态在生命道德感与捐赠意愿之间的中介作用。

二　研究方法与过程

（一）研究对象

本研究招募被试者 72 名，剔除无效问卷 9 份，最终保留 63 份有效数据，男性 28 名，女性 35 名，平均年龄 19 岁。根据 G-power 运算，独立样本 T 检验设计至少需要 72 个样本量，可具有 80% 的统计力探测中等效应量 d=0.6。

（二）实验材料

1. 生命道德感。本实验为单因素被试间设计，自变量为生命道德感，分为两个水平（唤醒和不唤醒）。书写任务是社会心理学研究中广泛应用的一种手段，可用来唤醒或激活一种心理状态（Galinsky，Gru-

① Feilhauer, J., Cima, M., Benjamins, C. and Muris, P. E. H. M., "Knowing Right from Wrong, but Just Not Always Feeling It: Relations Among Callous-unemotional Traits, Psychopathological Symptoms, and Cognitive and Affective Morality Judgments in 8-to 12-year-Old Boys", *Child Psychiatry and Human Development*, Vol. 44, No. 6, 2013, pp. 709-716.

enfeld & Magee, 2003; Piff, Dietze, Feinberg, Stancato & Keltner, 2015)。自变量的操纵主要通过书写任务激发生命道德感，实验组的材料是"我们需要为另一个实验的被试者准备一些实验素材，请您描述自己的一段亲身经历，可以让他们深切体会到尊重，敬畏和关爱生命的感觉，组成一段话（这段话需要在15分钟内完成，至少需要五句话组成，主要包含你经历了什么，你当时的感受是什么，以及事后的想法是什么）"。控制组的材料是"我们需要为另一个实验的被试者准备一些实验素材，请您描述自己的一段亲身经历，可以让他们深切体会到大学里最日常一天的感觉，组成一段话（这段话需要在15分钟内完成，至少需要五句话组成，主要包含你经历了什么，你当时的感受是什么，以及事后的想法是什么）"。然后，通过生命道德感问卷对生命道德感进行操纵检验。

2. 共情。本研究把共情的对象界定为其他生命，生命道德感能启动个体对其他生命的同理心，因此中介变量主要由五个句子构成，被试者阅读材料：此时此刻，这个世界上有很多生命正在遭遇苦难，请你对他们的一些当下感受进行打分。分别询问了被试者对他们感受到担忧、关心、产生共鸣和感到同情的程度及被他们感动的程度，采用5等级进行评价，1是完全没有体验到，2是有点体验到，3是中等程度的体验，4是体验比较深刻，5是体验非常深刻。本研究该量表具有良好的内部一致性信度（$\alpha = 0.79$）。

3. 捐赠意愿。本研究采用是捐助任务问卷（Garcia, Weaver, Moskowitz & Darley, 2002；迟毓凯，2005），[①] 被试者阅读材料："社会上有很多人因慈善事业的帮助而获得了更好的生存状态。现在，想象你已经从学校毕业，并且工作许多年了，你的经济收入处于一个比较理想的水平。你愿意把你每年收入的多少比例捐献给慈善事业呢？"然后被试者在1%或更少、2%—3%、4%—5%、6%—10%、11%—15%、16%—20%、21%—25%和25%以上八个等级中作出选择。比例越高，代表其助人倾向越强。

①　迟毓凯：《人格与情境启动对亲社会行为的影响》，博士后研究工作报告，华东师范大学，2005年。

（三）实验程序

本研究招募 72 名自愿来参加实验的被试者，被试者随机分配到生命道德组（36 人）和控制组（36 人）。本实验以纸笔测验形式进行。被试者需要完成第一份个人的人口统计学信息（性别、年龄）和自变量的操纵材料，第二份材料是生命道德感问卷，第三份材料是共情，第四份材料是捐赠行为。实验结束后，每个被试者领取实验报酬 30 元，主试者解释实验目的，并致谢。因书写材料不符合要求，与操纵主题无关，如实验组只写我们应该尊重他人，控制组涉及对学业和人际关系的担忧，而非一种中性的态度，进而删除 9 份无效被试者，最后实验组 34 人，控制组 29 人。

三　研究结果

（一）生命道德感的操纵检验

通过对实验组和控制组的生命道德感进行独立样本 t 检验，结果显示实验组的生命道德感（M = 52.91，SD = 2.86）显著高于控制组（M = 51.07，SD = 3.41），t (61) = 2.33，$p = 0.023$，d = 0.60。因此，通过书写任务操纵生命道德感有效。

（二）生命道德感对共情和捐赠行为的影响

为探讨生命道德感对共情的影响，对实验组和控制组的共情进行独立样本 t 检验，结果显示实验组的共情（M = 17.35，SD = 2.95）显著高于控制组（M = 14.90，SD = 2.99），t (61) = 3.27，$p = 0.002$，d = 0.84。为探讨生命道德感对捐赠意愿的影响，对实验组和控制组的捐赠意愿进行独立样本 t 检验，结果显示实验组的助人行为（M = 4.21，SD = 1.15）显著高于控制组（M = 3.41，SD = 1.12），t (61) = 2.76，$p = 0.008$，d = 0.71。因此，启动生命道德感能有效提高个体的状态共情和捐赠意愿。

（三）共情在生命道德感和捐赠意愿中的中介分析

鉴于生命道德感激发更多的共情和捐赠意愿，此外，对共情与捐赠意愿进行相关分析，结果表明状态共情与捐赠意愿之间呈显著正相关，r = 0.46，$p < 0.01$。因此，本研究进一步检验共情在状态层面的生命道德感与捐赠意愿之间的中介作用。参考自变量为类别变量，中介变量和

因变量为连续变量的中介检验程序（方杰，温忠麟，张敏强，2017；温忠麟，叶宝娟，2014），首先，对是否唤醒生命道德感进行虚拟变量（1＝实验组，0＝控制组），然后对共情和捐赠意愿进行标准化，采用Hayes 的 PROCESS for SPSS 进行共情的中介作用检验。结果表明（见图2）生命道德感的启动显著预测捐赠意愿（β＝.66，p＝.008；95% CI［.18，1.14］），加入共情后，生命道德感不能显著预测捐赠意愿（β＝.36，p＝.137；95% CI［－.12，.85］），而共情在生命道德感与捐赠意愿过程中的间接效应显著（β＝.30；95% CI［.10，.62］）。根据温忠麟和叶宝娟（2014）的中介效应检验程序，该结果表明只存在中介效应，不存在直接效应，按中介效应解释。且结果显示中介效应量占总效应的44.8%，95%CI［.14，1.58］，该结果说明生命道德感的唤醒促进了共情，进而增加捐赠意愿。

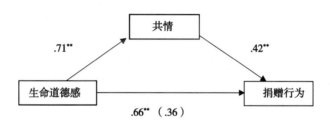

图2　共情中介生命道德感（状态）与捐赠行为的路径图

四　讨论

本研究采用书写任务来唤醒生命道德感的体验，生命道德感问卷检验此操纵有效，这表明书写任务可作为唤醒生命道德感的一种有效操纵方式。此外，观看视频也是作为激活心理状态的常用手段（Piff，Dietze，Feinberg，Stancato & Keltner，2015），[①] 部分生命教育主题视频具有较高的感染力。研究结果表明生命道德组的共情和捐赠意愿高于日常生活组，激发生命道德感的体验，可提高个体对其他生命苦难的共情，进而促进其捐赠意愿，该结果与自我超越情感与亲社会行为的结果

① Piff, P. K., Dietze, P., Feinberg, M., Stancato, D. M. and Keltner, D., "Awe, the Small Self, and Prosocial Behavior", *Journal of Personality and Social Psychology*, Vol. 108, No. 6, 2015, pp. 883-899.

一致（Caprara，Alessandri，Eisenberg，2012）。[①] 本研究存在程序上的不足，因生命道德感问卷作为操纵检验工具在实验中放在书写任务后完成，在实验组中有可能对生命道德感进行二次唤醒，控制组中很难排除其对共情和捐赠意愿的影响。未来可先通过预实验确定操纵有效，再直接作为正式实验材料。而面对他人需要帮助时，个体会同时产生共情和个人压力（Batson et al.，1987），个人压力是否在生命道德感影响亲社会行为的过程中也发挥作用，仍需要进一步检验。在紧急情境下，生命道德感是否也同样促进助人行为倾向，且共情是否依然发挥中介作用，为此，我们设计了研究三来回答这些问题。

第四节　生命道德感状态对紧急助人的影响：共情的中介作用

一　研究目的

本研究旨在探讨共情，而非个人压力，中介了生命道德感对紧急助人的影响。当遇到他人寻求帮助时，个体首先会对受害者进行责任归因，这种责任归因会影响其是否作出亲社会行为（Brickman et al.，1982；Greitemeyer & Rudolph，2003）。对紧急情境的外部归因会导致人们更乐意帮忙（姬旺华、张兰鸽 & 寇彧，2014）。[②] 而内归因会增加受害者的负面认知，进而减少助人的可能性（Kogut，2011）。[③] 因此本研究考查受害者归因这个情境变量在生命道德感与紧急助人关系之间的作用。此外，本研究假定同情，而非个人压力，中介了生命道德感对紧急助人的影响，且生命道德感会促使个体对外归因情境下的受害者产生更多的同情，进而导致更多的紧急助人倾向。因此，本研究检验一个有调

①　Caprara，G. V.，Alessandri，G. and Eisenberg，N.，"Prosociality：the Contribution of Traits，Values，and Self-efficacy Beliefs"，*Journal of Personality and Social Psychology*，Vol. 102，No. 6，2012，pp. 1289-1303.

②　姬旺华等：《公正世界信念对大学生助人意愿的影响：责任归因和帮助代价的作用》，《心理发展与教育》2014 年第 5 期。

③　Kogut，T.，"Someone to Blame：When Identifying a Victim Decreases Helping"，*Journal of Experimental Social Psychology*，Vol. 47，2011，pp. 748-755.

节的中介模型（图3）。此外，我们控制了情绪和社会赞许性对助人行为的影响。本研究设计了2×2的被试间实验设计，自变量是生命道德感（生命道德体验 VS 中性状态体验）和紧急归因情境（外归因 VS 内归因），两个中介变量（共情 VS 个人压力），因变量为紧急助人倾向。

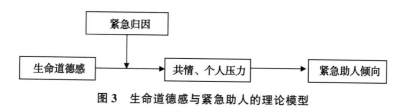

图3 生命道德感与紧急助人的理论模型

二 研究方法与过程

（一）研究对象

本研究招募60名在校学生参加实验，男性23名，女性37名，平均年龄19.52岁（SD=1.20）。根据 G-power 运算，2×2的被试间实验设计至少需要52个样本量，可具有80%的统计力探测中等效应量f=.40。

（二）实验材料

1. 情绪。本研究使用正性和负性情绪量表（Watson, Clark & Tellegen, 1988）用来评估被试者过去一周的正性和负性情绪。[①] 在本研究中，该量表具备良好的信度（正性情绪 α=0.82；负性情绪 α=0.84）。

2. 生命道德体验。本研究采用书写任务激活生命道德体验，同研究二。

3. 紧急归因情境。本研究使用姬旺华，张兰鸽 & 寇彧（2014）的紧急归因情境问卷。[②] 内归因情境："某男性，60岁左右，满身酒气，手里还攥着个余酒不多的酒瓶，走路跟跟跄跄，在路上行走时突然晕倒并失去知觉，显然是酒喝多了！此时，你正从旁边经过，除你之外，附

---

① Watson, D., Clark, L. A. and Tellegen, A., "Development and Validation of Brief Measures of Positive and Negative Affect: The PANAS Scales", *Journal of Personality and Social Psychology*, Vol. 54, No. 6, 1988, pp. 1063-1070.

② 姬旺华等：《公正世界信念对大学生助人意愿的影响：责任归因和帮助代价的作用》，《心理发展与教育》2014年第5期。

近没有其他人经过。"外归因情境:"某男性,60岁左右,晕倒在路边,并失去知觉,身边还有一辆自行车歪在旁边,显然是出了车祸!此时,你正从旁边经过,除你之外,附近没有其他人经过!"

4. 共情和个人压力。本研究使用6个词语来评估个体的共情和个人压力(Batson,1983),被试者需要在7点等级量表上评估他们感到同情、不安、怜悯、焦虑、心软和烦恼的程度,1代表一点也不,7代表极其非常。本研究该量表具有良好的一致性信度($\alpha = 0.77$)。

5. 紧急助人倾向。被试者需要在9等级量表上评估他们乐意帮助老人的程度,0代表不乐意,8代表十分乐意;还需要评估他们愿意花多少时间提供帮助(0分钟,0—5分钟,5—15分钟,15—30分钟,30—60分钟,1–2小时,2—3小时,3—5小时,超过5小时)。本研究该问卷具备良好的信度($\alpha = 0.84$)。

6. 社会赞许性。社会赞许性通过艾森克人格问卷的测谎量表来评估(Eysenck & Eysenck,1991;钱铭怡,武国城,朱荣春 & 张莘,2000)。测谎量表具有可接受的内部一致性信度($\alpha = 0.74$)。该量表共12个题目,采用是与否回答问题,分数越高,反映被试者的社会赞许性和自我防御性也越高。

(三) 实验程序

本研究招募60名被试者自愿来参加实验,被试者随机分配到生命道德组(30人)和控制组(30人)。首先被试者需要完成个人的人口统计学信息(性别、年龄)和最近一周正性和负性的情绪评估。然后一半被试者被随机分配到生命道德实验组,完成生命道德体验的书写任务,另一半被试者完成中性事件的书写任务;然后每组有一半被试者随机分到责任外归因组,阅读外归因紧急情境,另一半被试者阅读责任内归因紧急情境。阅读完情境后被试者需要对情境中的老人产生的共情和个人压力的感受进行等级评定,然后再评估自己对该老人的紧急助人意愿。最后所有被试者都需要完成社会赞许性问卷。实验结束后,被试者领取30元的酬劳,主试者解释实验目的,并致谢。

三　研究结果

(一) 生命道德感与紧急归因对共情、个人压力的影响

在控制了情绪和社会赞许性后,探讨生命道德感与紧急归因对中介

变量和归因变量的影响，两因素方差分析结果表明生命道德体验对共情的主效应显著，$F_{(1, 53)} = 7.48$，$p = .008$，$\eta_p^2 = .12$。生命道德体验组的共情（$M = 14.20$，$SD = 4.33$，$n = 30$）显著高于控制组（$M = 11.80$，$SD = 4.21$，$n = 30$）。紧急归因对共情的主效应显著，$F_{(1, 53)} = 32.13$，$p < .001$，$\eta_p^2 = .38$。车祸情境（$M = 15.40$，$SD = 3.40$，$n = 30$）比醉酒情境（$M = 10.60$，$SD = 3.39$，$n = 30$）诱发更多的共情。然而生命道德体验和紧急情境归因对共情的交互作用不显著，$F_{(1, 53)} = 0.53$，$p = .472$，$\eta_p^2 = .01$。

此外，生命道德体验对个人压力主效应不显著，$F_{(1, 53)} = 0.13$，$p = .725$，$\eta_p^2 = .002$。紧急归因情境对个人压力的主效应边缘显著，$F_{(1, 53)} = 3.89$，$p = .054$，$\eta_p^2 = .07$。车祸情境（$M = 12.97$，$SD = 3.74$，$n = 30$）比醉酒情境（$M = 11.13$，$SD = 3.09$，$n = 30$）导致更大的个人压力。且两者对个人压力的交互作用不显著，$F_{(1, 53)} = 1.73$，$p = .195$，$\eta_p^2 = .03$。

（二）生命道德感和紧急归因对紧急助人倾向的影响

在控制情绪和社会赞许性之后，两因素方差分析结果表明生命道德体验对紧急助人倾向主效应显著，$F_{(1, 53)} = 6.22$，$p = .016$，$\eta_p^2 = .11$。生命道德组的助人倾向（$M = 10.13$，$SD = 3.50$，$n = 30$）显著高于控制组（$M = 7.80$，$SD = 3.37$，$n = 30$）。紧急情境归因的助人倾向的主效应显著，$F_{(1, 53)} = 23.70$，$p < .001$，$\eta_p^2 = .31$。车祸情境下的紧急助人倾向（$M = 10.80$，$SD = 3.60$，$n = 30$）显著高于醉酒情境（$M = 7.13$，$SD = 2.54$，$n = 30$）。但是，生命道德体验与紧急助人情境对助人倾向的交互作用不显著，$F_{(1, 53)} = 0.37$，$p = .547$，$\eta_p^2 = .01$。因此，生命道德体验与紧急归因各自独立影响共情和助人倾向。

（三）共情、个人压力在生命道德感与紧急助人倾向中的中介作用

基于生命道德感对共情、个人压力和助人意向的影响不受到紧急归因的调节，因此，接下来我们重点关注共情和个人压力在生命道德感与紧急助人意向中的中介作用，不再考虑紧急责任归因的调节作用。首先对生命道德组进行虚拟编码（1 = 生命道德组，0 = 控制组），然后对共情、个人压力、助人意向、正性情感、负性情感和社会赞许性进行标准化，采用 Hayes' PROCESS for SPSS 的 Bootstrap 程序（Bootstrap = 5000）

进行中介效应检验。图4结果表明生命道德体验显著预测紧急助人意向（β=.55，p=.037；95% CI［.03，1.16］），在加入共情和个人压力后，生命道德体验不再显著预测助人倾向（β=.19，p=.383；95% CI［-.24，.62］），且共情的间接效应显著（β=.36；95% CI［.05，.80］），个人压力的间接效应不显著（β=-.005；95% CI［-.13，.05］），共情的间接效应占总效应的66%。因此，共情，而非个人压力，中介了生命道德体验对紧急助人的影响。

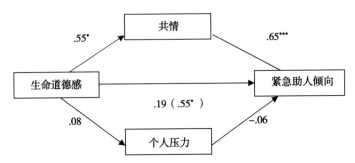

图4 共情和个人压力中介生命道德感与紧急助人倾向中的模型图

四 讨论

研究结果发现在控制情绪和社会赞许性之后，生命道德感可促进紧急助人行为倾向，为生命道德感的亲社会性进一步提供了实证依据。并且研究发现受害者归因并未调节生命道德感对共情、个人压力和助人倾向的影响。这可能是因为生命紧急是一种强情境，和弱情境相比，强情境有清晰的行为规范（Mischel，1977），[①] 这种强情境促使具有生命道德感的个体对他人的困境表现出更多的同情和关怀，更少在乎受害者为何有如此遭遇。

此外，共情，而非个人压力，中介了生命道德感与紧急助人的关系，这个研究假设得到证实，共情解释了生命道德体验对紧急助人一半多的解释率，这表明生命道德感是一种积极的和涉他性的状态，可诱发

---

① Mischel, W., "The Interaction of Person and Situation" In D. Magnusson & N. S. Endler, eds., *Personality at the Crossroads*: *Current Issues in Interactional Psychology*, Hillsdale, NJ: Lawrence Erlbaum, 1977, pp. 333-335.

纯利他的动机和行为，至少在这种生命危及情况下，会促使个体产生更多助人意愿。

第五节　总讨论

本研究结果从特质角度和状态角度基本上支持生命道德感促进亲社会行为。生命道德感特质倾向强的个体有更多普遍情境下的亲社会行为（研究一），实验情境下唤醒的有意识的生命道德感可提高个体更多的捐赠意愿（研究二）和紧急助人倾向（研究三）。这首先表明与亲社会行为促进生命意义感不同（Van Tongeren，Green，Davis，Hook & Hulsey，2016），生命道德感是导致亲社会行为的原因变量，为生命道德感与生命意义感的差异进一步提供了直接证据。总之，生命道德感对亲社会行为倾向的部分差异有自己独特的解释。

自 1964 年纽约发生的凯特·吉诺维斯（Kitty Genovese）谋杀案后，社会心理学家们就开始关注亲社会行为中紧急情况下的旁观者干预现象。本研究中提出的生命道德感可为紧急干预提供一个新的视角。在研究一的相关性分析中发现生命道德观与紧急下的助人行为相关程度更高，研究三进一步证实了生命道德感导致更多的紧急助人行为，且不受受害者归因的调节。因本研究分开探讨了一般情境下和紧急情境下的行为，无法比较生命道德感在两个情境中的预测力，理论上其在紧急求助情境中对助人行为的预测效力高于非紧急求助情境。自我牺牲行为具有较强的亲社会性，在陌生人生命危及时刻，见义勇为者的生命道德感会更强，未来可关注生命道德感对这一类型亲社会行为的影响，该行为不同于自杀式恐怖袭击中的自我牺牲的极端行为（Bélanger，Caouette，Sharvit & Dugas，2014）。[1] 生命道德感不仅关怀别人的生命，也珍惜他们自己的生命。个体其他的特质或价值观可能在决定生命道德感双重属性的功能中发挥重要的作用，这种付出较高代价的紧急助人行为在生命道德感的未来研究中值得进一步探讨。

---

① Bélanger，J. J.，Caouette，J.，Sharvit，K. and Dugas，M.，"The Psychology of Martyrdom: Making the Ultimate Sacrifice in the Name of a Cause"，*Journal of Personality and Social Psychology*，Vol. 107，No. 3，2014，pp. 494-515.

关于生命道德感如何影响亲社会行为？三个研究表明共情在生命道德感促进亲社会行为的心理机制中发挥中介效应，研究一发现共情特质可中介生命道德感特质与亲社会行为的关系；研究二表明生命道德感状态对捐赠意愿的影响可被共情解释，这种共情是一种对所有遭遇苦难生命的共情；研究三表明对受害者的共情中介了生命道德感状态与紧急助人的影响，个人压力的中介效应不显著。有研究发现冷酷无情者情绪加工的缺陷本质在于对情绪和情感体验能力不足，才造成缺乏共情，对他人漠不关心的表现（Hawes & Dadds, 2005），负性情绪加工的缺陷使他们在实施攻击行为时，很难体会到他人的悲伤和恐惧，这种缺陷存在神经生理基础（De Brito, McCrory, Mechelli, Wilke, Jones, Hodgins & Viding, 2011）。可见，冷酷无情者因缺乏共情，导致更多攻击行为，反之，仁者爱人，关键在于他们有更多同理心，共情在生命道德感影响亲社会行为这一心理机制中发挥重要作用。此外，我们发现共情在紧急情境下发挥的中介效应量更大，这可能跟人们更容易对紧急情况下的受害者产生更多同情有关。人们通过共情与陌生人建立一种联结感，这种联结感的建立有利于促进亲社会行为（Pavey, Greitemeyer & Sparks, 2011）。[①]

本研究存在一些不足及未来进一步探讨的问题。首先，本研究的被试者只局限于在校青少年学生，生命道德感为人类普遍所共有，未来需要进一步扩大样本的多元化，甚至是跨文化的样本，来探讨生命道德感是否存在群体差异。其次，研究方法上，本研究只有实验组和控制组，未来可设置其他自我超越属性的道德对照组，进一步验证生命道德感构念的独特性。此外，生命道德感的唤醒或启动可借鉴视频，主题故事，阈下启动等手段（迟毓凯，2005；Piff et al., 2015；Bargh, 2006）。最后，研究内容上，未来可关注生命道德感在不同紧急情境下的作用，如紧急情况与非紧急情况，低代价与高代价。本研究重点考察的是对"人"的亲社会行为的影响，未来还可关注不同类型的亲社会行为，如合作，慷慨，利他惩罚，自我牺牲。生命道德感包含对自然万物生命的

---

① Pavey, L., Greitemeyer, T. and Sparks, P., "Highlighting Relatedness Promotes Prosocial Motives and Behavior", *Personality and Social Psychology Bulletin*, Vol. 37, No. 7, 2011, pp. 905–917.

道德感，未来也可探讨生命道德感对 "物" 的亲环境行为的影响（Milfont, Wilson & Diniz, 2012）。[①] 这些研究有利于解释生命道德感亲社会性的边界效应和独特性。除亲社会行为外，未来还可重点关注生命道德感与攻击行为，恐怖袭击，虐待等其他消极外化行为问题的影响。此外，我们还需要进一步揭示生命道德感与积极和消极外化行为的影响机制，不同于自我超越性的情感（Stellar et al., 2017），生命道德感强调所有生命的平等，有利于促进自我与他人生命的融合，而不是去增强和缩小自我。研究发现同一性，即与所有存在的一种内在统一体，与亲环境的态度显著正相关（Garfield, Drwecki, Moore, Kortenkamp & Gracz, 2014）。生命道德感通过共情与陌生人建立联结感，因而生命道德感可能通过与自然建立联结，进而促进亲环境行为。此外，联结感与自杀的想法和行为存在明显相关（Whitlock, Wyman & Moore, 2014），[②] 前面研究结果也表明与父母的联结感中介生命道德感与自我伤害行为的关系。因此，我们推测联结感可能是生命道德感影响内化健康和外化行为的一个重要心理机制，有待未来更多研究进行验证。

尽管存在这些不足，本研究对生命道德领域的研究有其重要贡献，首先，促进了生命道德的心理学研究，为人格与动机取向的生命道德感理论建构奠定基础，与其他心理学构念相比，生命道德感对与生命相关的心理和行为，如亲社会行为，攻击行为，虐待行为，自我伤害行为等有其特有的解释率。同时，该研究进一步丰富了亲社会行为领域的研究。其次，生命道德感问卷和实验操纵手段对生命道德的心理学研究提供了方法学的基础，为验证生命道德感相关的理论提供了一个可操作性手段，使生命道德感的实证研究具备了可行性。最后，实践上，共情是生命道德感影响亲社会行为中的重要因素，对缺乏生命道德感的个体可通过提高共情进行干预研究，如共情唤醒（Garandeau, Vartio, Poskiparta & Salmivalli, 2016）和校园共情干预训练（Malti, Chaparro, Zuffianò & Colasante, 2016）。同时生命道德感的唤醒可显著增加共情和

---

① Milfont, T. L., Wilson, J. and Diniz, P., "Time Perspective and Environmental Engagement: A Meta-analysis", *International Journal of Psychology*, Vol. 47, No. 5, 2012, pp. 325-334.

② Whitlock, J., Wyman, P. A. and Moore, S. R., "Connectedness and Suicide Prevention in Adolescents: Pathways and Implications", *Suicide and Life-Threatening Behavior*, Vol. 44, No. 3, 2014, pp. 246-272.

亲社会行为，为开展生命道德教育实践提供了心理学依据。

总之，生命道德感是个体尊重和敬畏生命，关怀和保护生命的程度，既是一种人格特质，又是一种状态。本研究通过三个子研究发现，生命道德感具有重要的社会功能，通过促进对所有遭遇苦难生命或对具体受害者的共情，鼓励人们超越自我的利益，去改善他人的福祉，特别是在生命危急情境中提供帮助。可见，仁者更爱人，关键在于其能将心比心。

第七章

青少年生命道德感的研究启示

第一节　生命道德感的研究结论

本研究第一通过对古今中外伦理学中生命道德观思想的梳理，总结了生命道德观的核心思想；第二，从生命处于危险时的心理和行为现象出发，提出生命道德感的心理学构念及理论假说，并和已有的生命态度、死亡焦虑、生命意义感、自我超越价值观、敬畏的相关心理学概念进行了辨析，突出生命道德感的自我取向和他人取向的属性，强调生命道德感对内化健康和外化社会行为的影响，既包括伤害自我或其他生命行为，也包含在其他生命处于危险时刻的紧急助人行为；第三，根据生命道德感作为一个相对稳定的人格倾向，本研究编制了生命道德感问卷，用于评估生命道德感的个体差异性；第四，根据生命道德感与内化健康和外化行为的关系，对生命道德感与相关的理论构念展开了相关性研究，尝试为理论建构提供一个实证依据；第五，为验证生命道德感的自我取向属性，本研究重点探讨了生命道德感对自我伤害行为的影响及其机制问题；第六，为验证生命道德感的他人取向属性，本研究通过问卷法和实验法探讨了生命道德感对亲社会行为的影响及其机制问题。

通过这一系列的理论和实证研究，本研究得出以下结论。

（1）古今中外的伦理学史上蕴含着丰富的生命道德思想，既有相同之处，也存在差异。其中珍惜自己和关怀其他生命是生命道德观中的最核心思想。

（2）生命道德感是个体尊重和敬畏生命，关怀和保护生命的程度。生命道德感不同于生命态度、死亡焦虑、自我超越价值观、生命意义感和敬畏，可对与生命相关的内化健康和外化行为有更好的解释力和预测力。

（3）本研究编制的生命道德感问卷，主要包含尊重和敬畏生命，关怀和保护生命两个维度，每个维度包含四个项目，共八个项目构成的生命道德感量表具有较好的内部一致性信度和结构效度。

（4）问卷结果表明生命道德感与生命意义感、敬畏等心理构念呈现低程度的相关，同时生命道德感与健康、攻击行为、利他行为，特别是紧急助人行为相关显著，为生命道德感问卷提供了较好的辨别效度和聚合效度。

（5）问卷结果表明具有较高生命道德感的个体有更少的自我伤害行为，其中与父母的联结感在其中发挥重要的中介作用，并且该中介机制具有跨民族的一致性。因此，古人提出的"身体发肤，受之父母，不敢毁伤"是存在心理学依据的，这种与父母的生命联结感，让我们会更珍惜自己的生命。

（6）问卷和实验结果表明个体的生命道德感越高，则有更多的亲社会行为，特别是紧急助人行为，其主要通过促进个体对所有遭遇苦难生命或具体受害者的共情这一中介机制发挥作用。可见，古人提出的"仁者爱人"同样具有心理学依据，其关键在于能将心比心。

本研究的这些结论为生命道德感理论提供了实证支持，具有很重要的理论意义。首先，从生命道德感的概念上，问卷法和实验法的操纵证实生命道德感既可作为一个稳定的人格倾向，同时也可作为一种情境刺激下的状态和体验，具有相对的稳定性，同时也具有可变性。此外，生命道德感问卷中包含的两个维度得到验证性因素的分析，具有较好的结构效度，也侧面证实理论建构的尊重和敬畏生命、关怀和保护生命两个向度，两个向度与生命心理与行为息息相关，一个个体尊重和敬畏生命，则会避免去伤害生命，一个懂得关怀和保护生命的个体，在他人生命处于危急时刻时，更乐意去挽救其他生命。生命道德感的这些特征是其区分心理学已有相关构念，如生命意义感、生命态度、死亡焦虑、自我超越价值观，敬畏等的重要依据。

其次，从生命道德感的影响上，生命道德感的相关性研究表明生命道德感与抑郁、自我伤害、自我攻击、言语和身体攻击、动物虐待和紧急助人行为达到接近中等程度的显著相关，特别是生命道德感与紧急助人的相关显著高于生命道德感与一般利他行为的相关程度，这证实了生命道德感对这些与生命息息相关的心理与行为关系密切，生命道德感是这些内化健康和外化社会行为的一个重要的解释和预测变量，与理论建构相符合，这些研究促进了生命道德的心理学研究，为人格与动机取向的生命道德感理论建构奠定基础。从另一个角度来讲，生命道德感为这些与生命相关的内化健康和外化行为提供了一个新的理论视角，为这些心理与行为未来进一步的深入研究奠定了一个理论基础。

再次，从生命道德感的属性特征上，本研究通过问卷法的相关性研究和实验法的因果性研究证实了生命道德感的自我取向和他人取向的双重属性。通过生命道德感与自我伤害行为的研究，证实了生命道德感具有自我取向的属性，一个具有较高生命道德感水平的个体，更懂得珍惜自己的生命，有更少的自我伤害行为。这表明生命道德感不同于自我超越型价值观，只鼓励个体超越自我的利益，去关心他人的福祉。生命道德感也指向自我，关注自我，特别是珍惜自己的生命，某种程度上，一个不懂得珍惜自己生命的人，也不太可能会去珍惜其他生命。此外，通过生命道德感与亲社会行为，特别是紧急助人行为的研究，证实了生命道德感也具有自我超越的属性特征，生命道德感鼓励个体去关怀他人，特别是当其他生命处于紧急时刻，一个具有较高生命道德感较高水平的个体，则会鼓励个体超越自己的利益，去关心其他的生命，挽救其他生命于危难之中。生命道德感与自我伤害行为和紧急助人行为的研究为生命道德感自我取向和他人取向的双重属性提供了强有力的实证依据。

最后，从生命道德感的方法论上，生命道德感问卷和实验操纵手段对生命道德的心理学研究提供了方法学的基础，为验证生命道德感相关的理论提供了一个可操作性手段，使生命道德感的实证研究具备了可行性。生命道德感作为一个稳定的人格倾向，可用生命道德感问卷来评估个体的生命道德感水平；生命道德感作为一种状态，可由情境刺激引起，实验法范式已经证实书写任务可诱发个体的生命道德感体验。生命道德感的这些操作性工具和实验操纵手段有助于把生命道德的研究从哲学领域带到心理学领域。

第二节　生命道德感减少自我伤害行为的教育对策

在探讨生命道德感对自我伤害行为的影响中，研究发现生命道德感越强的人，则有更少的自我伤害行为，更懂得珍惜自己的生命，且父母的联结感在其中发挥重要的中介作用，即个体的生命道德感越强，个体与父母的联结感也越强，进而个体更珍惜自己的生命，更少去伤害自己。本研究结果可为父母、教育者、政策制定者和临床医生提供实践启示。

一　青少年自我伤害行为较高的流行率需要引起父母、教育者和政策制定者的极大重视

本研究中的样本显示 65.67% 的青少年至少有一次自我伤害行为的历史，这个较高的比率需要引起，也应当引起成人社会的极大关注。一方面，随着医学科技的进步，以前许多威胁青少年健康乃至生命营养不良的疾病得到有效的控制；而另一方面，青少年自我伤害行为却逐渐增多，并呈现日益增长的趋势，对青少年的健康成长构成一大威胁。自我伤害是一种特殊的心理病理行为，临床群体中的自我伤害行为的发生率呈现增长的趋势，本研究结果表明非临床群体中也表现出自我伤害行为较高的流行率，这表明威胁普通青少年生命健康的危险因素普遍存在，不得不引起我们的重视。

自伤行为虽然不会对当事人造成即刻性的死亡威胁，同时自我伤害也并没有给他人的生命造成死亡威胁，但这类行为对自我伤害者个体本身造成肉体上巨大的伤害，也是一种精神的折磨，是导致未来可能有自杀行为的重要信号。人们通常在经历强烈痛苦之后做出刻意伤害自己身体的行为，以此来宣泄内心压抑的负性情绪，这是一种情绪调节不良的行为（Young，Sweeting，West，2006）。[1] 青少年正处在个体生理和心理发育快速成长的一个阶段，身心状态有着冲动性和不稳定性的特点，

---

[1] Young, R., Sweeting, H. and West, P., "Prevalence of deliberate self harm and attempted suicide within contemporary Goth youth subculture: Longitudinal cohort study", *British Medical Journal*, Vol. 332, No. 7549, 2006, p. 1058-1061.

一旦在生活中碰到什么事情，考虑东西不够全面，处理事情也不够成熟，很容易导致这种情绪调节不良的行为。自伤行为也是自我伤害者的求救信号，他们没有能力面临自己的压力和处理自己的情绪，伤害自己的身体是个体处理压力和发泄情绪的一个通道，是对自己无能时的呐喊，也是变相地向他人发出求助的一种信号，因而他们需要得到身边人的关注和专业人员的帮助。

苏耶莫托（Suyemoto）（1998）认为探究任何病理行为，最为困难的任务之一就是认识它的功能。① 对功能开展研究也就是说：弄清楚为什么是这个特定的人，在这个特定的时间，以这种特定的行为来达成这种特定的功能。因此，在研究自我伤害行为的过程中，理解其行为的功能是一项重要的任务（凌霄，2009）。② 自伤行为是一种工具性行为，具有某些特定的功能。克郎斯基（Klonsky）（2007）从 18 篇实证研究报告中总结出七种已被证实的自伤的功能。第一种是情绪调节功能。目前所有关于自伤功能的研究几乎都支持自伤的情绪调节功能。它将自伤看作是一种缓解强烈消极情绪或情绪唤起的策略（Gratz，2003；Haines，Williams，Brain & Wilson，1995）。早期的无效环境会使得孩子习得一些无效的应对方式，在该种环境中长大，或是由于生物因素造成情绪不稳定的个体，当面对压力事件时不能很好地处理自身的情绪，因此会倾向于采用自伤来作为情绪调节的策略。第二种是对抗分离功能。自伤的对抗分离功能认为，自伤是个体在面对分离或人格解体时产生的一种反应。有研究表明，自伤者在面临离别的情境时会体验到更长时间的分离感。当自伤者在面对强烈的情绪时，这种分离感也可能会出现。通过对身体的伤害（带来鲜血或是疼痛感）可以打破这种分离的状态，使得个体重获自我的感受。分离的个体可能会描述一种不真实感或是完全没有感受，自伤可以作为一种带来情绪和身体感觉的方式，使得个体重获真实感或存在感。第三种是对抗自杀功能。自伤是个体抵制自杀冲动的一种应对机制。依据这一观点，自伤可能是个体表达自杀意图的一

① Suyemoto, K. L., "The functions of self-mutilation", *Clinical Psychology Review*, Vol. 18, No. 5, 1998, pp. 531-554.

② 凌霄：《自伤青少年冲动控制的 ERPs 研究》，硕士学位论文，华中师范大学，2009 年。

种方式，由于其致命性低，所以有些人将其作为对自杀冲动的一种替代或妥协（Suyemoto，1998）。自伤和自杀最大的区别在于其意图不同，自伤是"求生"，而自杀是"求死"。例如，一位自伤病人曾说过，如果她在很长一段时间都没有割伤自己的行为，那她就会产生自杀的冲动，而自伤就是一种阻止自杀意念的方式。第四种是人际影响功能。从这一功能角度出发，自伤行为是自伤者影响或控制其周围人的一种方式。自伤被看作一种对外界的呼救，一种避免被抛弃的方式，或者是一种期望被认真对待或影响他人行为的方式。自伤者可能通过自伤来表达对重要他人的情感，或是从周围的人那里获得强化他们这一行为的反应。第五种是人际边界功能。该模型认为，自伤是一种自我确认与他人界限的方式。自伤者由于在早期形成了不安全的母婴依恋以及在随后无法独立于母亲，这就使得他们缺乏一种一般意义上的自我意识。由于皮肤是个体与外界隔离开的屏障，因此自伤者通过损伤自己的皮肤来确定其与外界的界限，从而维持自身的同一性或自主性。第六种是自我惩罚功能。有研究者认为自伤行为是一种表达对自身的愤怒和自我毁灭的方式。有研究者认为自伤者从外界习得了一些惩罚自己的方式（Linehan，1993），[①] 也有大量研究表明，自我指向的愤怒和自我损毁是自伤者的首要特征（Herpertz，Sass & Favazza，1997；Klonsky，Oltmanns & Turkheimer，2003）。因此自伤者会认为自伤是一种维持自我和谐的良好方式，从而使其发展为平复消极情绪唤起的方式。第七种是感觉寻求功能。根据这一观点，自伤是一种与跳伞或蹦极类似的能使个体兴奋或愉悦的方式。这一模型并没有得到足够的重视，可能是因为在临床样本中，这种情形并不常见。然而，这一功能仍然得到了一些实证研究的支持。自我伤害行为的各种功能研究也侧面证明自我伤害这种行为的复杂性（晁婷，2015）。[②]

根据本研究结果，我们需要对部分青少年群体特别关注。对人口学变量和自我伤害行为进行相关分析，发现年龄与自我伤害行为呈低程度的显著的正相关，这表明年龄越大，自我伤害行为越高，其中本研究样

---

① Linehan，M. M.，*Cognitive-behavioral treatment of borderline personality disorder*，New York：Guilford Publications，1993.

② 晁婷：《自伤青少年情绪调节的干预研究》，硕士学位论文，华中师范大学，2015 年。

本的年龄主要分布在 12—18 岁，这说明在青少年群体中，随着年龄的增长，青少年做出自我伤害行为的可能性也就越大，因而，家庭和学校有必要重点关注高年龄阶段的青少年，越接近 18 岁左右的青少年，越需要得到父母和教师的重点关注。青少年正处于青春发育期，既不同于幼儿、儿童，也不同于成人，这个时期有它身心发展的特点，生理上蓬勃地成长，且发生急骤的变化，是人生理上发展的第二次高峰。身体外形剧变，生理机能也发生变化，性器官和性功能的成熟。随着身体的成熟，青少年因为成人感的逐渐产生而谋求获得独立，有强烈的自我意识，要处理家庭关系、师生关系和友谊关系三大重要的社会关系，在逐步适应社会，走向成熟的过程中会表现出一些矛盾心理，情感丰富、强烈，但欠成熟稳定，容易冲动失衡；渴望独立，同时又渴求能得到来自重要他人的认同。在从儿童逐步走向成人的过程中，个体在这一蜕变过程中也会越来越呈现出敏感、矛盾、纠结、逆反、冲动等这些消极的心理特征，这些负性心理特征促使青少年在面对问题时不够成熟、冷静，进而可能做出伤害自己的行为，因而有必要关注高年龄阶段的青少年的这些消极心理。

人口学变量与自我伤害行为的相关研究结果还表明，家庭所在地与自我伤害行为呈低程度的显著正相关，具体表现为，和来自农村的青少年相比，来自城镇的青少年有更多的自我伤害行为，因而有必要重点关注城镇青少年这个群体。张继香（2011）对青少年自我伤害行为的影响因素研究也发现，家庭居住地在城镇的学生自我伤害行为发生率明显比家庭居住地在农村的学生高，主要体现在故意打自己，咬自己、揪头发和割伤自己等方面。[①] 城镇青少年的父母期望值可能比农村父母的期望值高很多，城镇青少年在学校的学业负担和课外辅导比农村青少年多很多，整体来说，城镇青少年学业压力更大。当前，城镇化是我国发展的一个大战略，是我国经济发展的必然结果，也是产业结构升级、农村人口向城市转移，生产方式由乡村型向城镇型转化的综合过程。城镇化能增加投资，拉动内需，是我国扩大内需的必然选择，也有利于提高人民生活水平。城镇化作为现代化的重要标志，它不是简单的城市人口比

---

① 张继香：《青少年自我伤害行为及其影响因素研究》，硕士学位论文，山东大学，2011 年。

例增加和面积扩张，而是要在产业支撑、人居环境、社会保障、生活方式等方面实现由乡到城的转变。本研究结果侧面表明我国在大力发展新型城镇化的过程中，在由乡到城的多方面转变中，如何发挥城镇的优势，同时又能避免城镇的不足，也是当前需要关注的一个问题。本研究显示的城镇的孩子自我伤害行为比率高，随着城镇化的推移，城市人口扩张会越来越大，在城市居住的人口的生活压力也会越来越大，人才的竞争也会变得越来越激烈，这种压力会由父母蔓延到孩子，可能会让城镇已有的问题变得更严重，或者滋生新的问题。城镇青少年所面临的各种压力源容易导致他们产生更多的心理问题，包括较为严重的心理或精神障碍，表现出更多的自我伤害行为，这需要引起教育管理部门的重视。

此外，相关分析结果还表明民族与自我伤害行为显著相关，主要体现为少数民族的青少年有更多的自我伤害行为，因此，需要关注少数民族的青少年群体，有必要重视少数民族青少年的心理健康教育及干预。我国是一个历史悠久的多民族国家，根据 2010 年的第六次全国人口普查数据，汉族以外的少数民族人口占中国总人口的 8.49%。分布在全国近 60% 的地区。少数民族的青少年的素质高低不仅直接关系到少数民族的未来发展，也影响整个国家和社会的稳定与建设。根据《中小学心理健康教育指导纲要（2012 年修订）》，在全国范围内的中小学展开心理健康教育，是学生身心健康成长的需要，也是全面推进素质教育的必然要求。在影响各民族的中小学生的心理健康因素中，汉族和少数民族之间有共同的因素，同时不同民族之间也可能存在其独特性因素。本研究和其他研究结果已表明少数民族的心理健康水平低于汉族（木云珍，2009；谢春艳，2005），进而未来有必要重点探讨影响少数民族心理健康独特的影响因素，以便积极寻找解决心理健康问题的有效方法，促进少数民族青少年的心理健康素质。只有对少数民族青少年心理健康的关注才能实现全国范围内对中小学生的心理健康状况的全面把握，有利于素质教育在各民族范围内的全面推广。黄重和叶一舵（2013）就对少数民族中小学生的心理健康影响因素进行过探讨，[1] 指出少数民族地区

---

① 黄重等：《少数民族中小学生心理健康影响因素研究述评》，《武夷学院学报》2013 年第 3 期。

的教师心理健康水平低于汉族地区的教师，汉族教师的心理健康状况优于少数民族教师，特别是优于侗族、土家族等当地少数民族地区人数较少的民族教师；少数民族中小学生所在的学校开展心理健康教育条件不足、师资短缺、水平不高也制约着学生的心理健康教育的开展，心理卫生知识的不足会导致心理问题难以解决，另外少数民族的语言也使得他们难以理解汉语编写的心理健康教材，语言沟通上的障碍也使得教育效果大受影响；宗教信仰是少数民族的一大特色，不同民族有自己的宗教信仰，民族的自卑感和民族的自尊心之间的矛盾，独立自主的精神与宗教文化的强烈依赖之间的矛盾，冲击和干扰着一些少数民族青少年的心理健康。如何进一步深入探索影响少数民族青少年心理健康的独特性因素，去减少和控制影响少数民族青少年心理健康的危险因素，探索、挖掘和培养少数民族青少年积极的心理品质是未来研究者和教育者需要关注的问题。每一个民族，正是因为有其自身独特的特点，才独立成为一个民族，无论其人数多少，不管居住条件如何，无论他们和我们有多么不同，只有让每一个民族中的青少年健康成长，才能看到整个民族未来的希望。

因此，自我伤害行为流行率的现状需要引起家庭、学校和政府的重视，特别是高年龄层的、来自城镇的和来自少数民族的青少年群体，在他们身上自我伤害行为的频率更高。自我伤害行为有一大典型的特点，就是其有较强的隐蔽性，很难被周围人察觉，特别是轻微的自我伤害行为。要引起家庭和学校的注意，最首要的事情就是父母和教师得学会识别青少年的自我伤害行为。有研究发现父母通常在联系服务机构之前会质疑自己孩子的自我伤害行为，也不知道如何应对孩子的自我伤害行为（Oldershaw，Richards，Simic & Schmidt，2008）。[1] 因而，政府相关部门需要提供越来越多的公共性服务或者通过某种传播途径让父母可以获取相关的专业知识和信息，帮助父母尽早联系相关服务机构，以避免孩子情况的恶化。

同样，学校的教师也不太容易注意到孩子的自我伤害行为，除非是

---

① Oldershaw, A., Richards, C., Simic, M. & Schmidt, U., "Parents' Perspectives on Adolescent Self-harm: Qualitative Study", *The British Journal of Psychiatry*, Vol. 193, No. 2, 2008, pp. 140–144.

那种外露并且严重的自我伤害行为，轻微的自我伤害行为也不会引起他们的重视，进而也不会分配相关的教育资源来处理他们的自我伤害行为。学校需要进行更多的管理干预来促进教职工对自我伤害行为的了解，有助于帮助他们更好地辨别此类行为，增强他们处理青少年自我伤害行为的胜任力和信心（Evans & Hurrell，2016）。① 每个学校的心理健康中心需要对自我伤害行为引起重视，做好普查工作，并对发生自我伤害行为的青少年进行及时的干预，才能有效地防患于未然。同时也做好自我伤害行为相关的心理健康普及工作，让学生意识到这是一种需要接受帮助的境况，只有学生自己本人才是意识到这问题的第一个人，只要学生愿意积极面对自己所遇到的问题，则可极大地减少此类行为的发生。学校有必要完善心理健康教育体系的建设，不仅在课程安排上加大对心理健康教育的量的投入，更要重视对心理健康教育质的追求。针对不同阶段、不同年级的学生，开展不同层面的心理健康教育，初中、高中和大学属于不同阶段，所面临的心理问题自然也不同。除了开展心理教育，在心理辅导过程中，要注重提高咨询技巧，做好保密工作，引导学生在面对压力事件所带来的负性情绪时，找到宣泄和释放的办法，理性地看待学习和生活中发生的事件，合理调适以消除不良情绪的影响，有利于减少自我伤害行为。

此外，教育管理部门也十分有必要从制度层面、管理层面及公共服务方面做好相应的指导和保障工作。作为政府职能部门，教育管理者要去关注和思考这些社会现象，着眼未来，健全相应的制度，如何减少城镇青少年自我伤害行为的高发率，在新型城镇化进程中如何防患未来这些城镇青少年可能面临的负性问题。同时，面临少数民族青少年的自我伤害行为高发率的现状，如何去均衡不同民族之间的师资力量；如何通过制度保障调动优秀师资的积极性，更多地参与少数民族青少年的心理健康教育中去；如何去提高少数民族的师资水平等。完善制度后，如何开展后续的管理，使政策和措施得以落实，并切实可行。政府部门需要给整个社会提供更多的公共服务，使家长、学生、教师等在需要得到专

---

① Evans, R. and Hurrell, C. , "The Role of Schools in Children and Young People's Self-harm and Suicide: Systematic Review and Meta-ethnography of Qualitative Research", *BMC Public Health*, Vol. 16, 2016, p. 401.

业帮助的时候，可以有相应的公共服务机构伸出援手。

政府部门需要优化网络环境、完善网络监管体系。互联网为青少年的生活带来了很大的便捷，同时网络也是一把双刃剑，对网络的监管欠缺及青少年对网络信息的筛选和鉴别力不足，会使得网络成为不和谐呼声和现象的重灾区，网络暴力甚至教导和唆使青少年如何自我伤害的视频，自杀视频的直播严重冲击青少年本就不够成熟的价值观念体系，容易误导其产生偏差行为，最终导致自我伤害或伤害他人行为的发生。因此，有必要建立健全合理的网络监管机制，减少通过网络的不良思想的腐蚀给大学生带来的自我伤害的倾向和行为，为大学生树立正确的价值观及做出符合道德的社会行为保驾护航。

随着网络的普及，政府、学校和家庭可以通过搭建网络平台，利用网站、微信、微博等平台，开展线上的咨询和辅导工作，为存在问题的家长和学生提供一个可以沟通交流、倾诉的平台，让他们在需要的时候第一时间可以得到专业的辅导和帮助，缓解自身焦虑、抑郁的心理。网络有一个很大的特点，就是匿名性，可以保护当事人个人的隐私，有利于青少年敞开心扉，减少和规避自我伤害行为的发生。

总体上，只有家庭、学校和政府三方共同协作，三方的共同重视才能有效应对自我伤害行为给青少年生命安全带来的威胁。

二　大力开展珍惜生命的生命道德感教育

生命道德感负向显著预测自我伤害行为，生命道德感越强，自我伤害行为就越少，因而要减少自我伤害行为，就有必要提高青少年的生命道德感，该研究结果为家庭和学校开展生命道德教育提供强有力的心理学实证依据。生命是一切事物的本源，万物之本，脱离生命的存在，其他一切都无从谈起。生命具有唯一性和不可替代性，追求生命中的其他一切都必须要在生命存在的基础上进行，在我们还未深入探讨如何实现生命的价值和潜能这个问题之前，就有人可能做出亵渎生命、蔑视生命、残害生命的事情。近年来，一些自杀或滥杀其他生命等漠视生命的现象在青少年群体中频频出现，一个个年轻鲜活生命的陨落，谁来为此买单？哪怕这些人只是一小部分群体，没有哪一个家庭、哪一所学校，甚至整个社会都无法承受每个生命之重。这一件件令人痛心的事件，这一组组冰冷的数据不禁令我们反思我们的生命教育，这些恶性事件的发生充分表明部分青少年对生命缺乏理性认知，教育就是关注生命的发展，离开生命的教育是无法想象的，突破青少年的生命道德教育困境，帮助他们树立正确的生命道德观是当务之急。

相关分析结果表明性别与生命道德感显著相关，主要表现为，男生的生命道德感显著低于女生，因此在生命道德教育中，家庭和学校要重点关注男生的生命道德教育。有研究发现男生比女生有更多的冲动性、攻击行为和自我伤害行为（Glenn & Klonsky，2010）。[1] 冲动性是个体对内部或外部刺激快速地、无计划地反应的一种倾向，具有冲动性的个体不考虑这些反应对自身和其他人带来的负面影响。冲动性与攻击行为关系密切，同时也与自我伤害行为有密切的关联，个体在自我评定的冲动性得分越高，则在自我伤害行为中得分也越高（Janis & Nock，2009）。[2] 高冲动性特质的个体通常因为一些微小的刺激就容易引发无法抑制的情绪波动，并且意识狭窄，认知片面，这些人对问题的认识较为绝对化和片面化，对生活无规划，难以控制自己的行为，容易将小问题扩大，面对压力，容易产生极端的思想，进而容易产生以销毁自己或他人的方式来解决问题的想法，忽视这种方式给自己和他人的生命带来的恶劣后果。因此，对男生的生命道德感教育中，父母可以创设一个积极、温暖的家庭环境，采用更多民主、包容的家庭教养方式，教育孩子如何更好地疏导和控制负性情绪，做事情要考虑自身行为所带来的不良后果自己是否能承担，特别是做出那些可能伤害自己或其他生命的行为，进而减少孩子身上的冲动性的养成。

人口学变量与生命道德感的相关分析结果显示，家庭所在地与生命道德感相关显著，来自农村的青少年的生命道德感显著低于来自城镇的青少年，有必要关注农村青少年生命道德感的培养。在农村有一群特殊的学生群体，叫留守儿童，他们是当今社会、经济快速发展而催生的弱势群体。由于父母均不在身边，不能提供正确的生命意识引导和情感呵

---

① Glenn, C. R. and Klonsky, E. D., "A Multimethod Analysis of Impulsivity in Nonsuicidal Self-injury", *Personal Disord*, Vol. 1, No. 1, 2010, pp. 67-75.

② Janis, I. B. and Nock. M. K., "Are Self-injurers Impulsive? Results from Two Behavioral Laboratory Studies", *Psychiatry Research*, Vol. 169, No. 3, 2009, pp. 261-267.

护，可能导致他们的生命道德感相对偏低。目前，中国留守儿童的数量已超过 5800 万人，父母一方外出的留守儿童占 57.2%，父母均外出的留守儿童占 42.8%，其中有 7% 的留守儿童无人照顾监护（高淑玲，张伟伟，2014）。家庭的教育职责和监护功能严重弱化，甚至缺失，缺乏父母在身边照顾导致那些处于义务阶段的留守儿童无法感受到正常的家庭温暖。即使不是留守儿童家庭，由于父母受教育程度等因素的限制，也可能忽视生命道德的教育。而我国的生命教育在 20 世纪 90 年代兴起，起步较晚，就当前的情况来看，生命教育并未大范围的开展，总体上，还处在起步和摸索阶段，农村青少年的生命教育并未展开探索，更未深入开展，学校对农村儿童主要进行的是文化知识方面的教导，生命教育的地位远远不如其他学科，而教育只有在保证学生的生命安全这个前提下才可能发生，这种现状亟须给予重视。

影响生命道德感的因素是多方面的，其中传统文化可能就是其中的一个重要因素（林德发，2003）。[①] 每个民族有自己独特的文化、风俗、宗教信仰，受不同文化传统和宗教信仰的影响，各民族形成不同的价值观体系，这些生命价值观影响着人们的日常行为模式，也主导生命发展的方向。即使是少数民族之间，生命价值体系也有民族差异的特点（周佳，2011）。[②] 汉族的传统文化比较忌讳谈论生死问题，"未知生，焉知死"。家庭在生命道德教育中发挥首要作用，对青少年的成长也起着决定性的作用，父母应该通过良好的亲子互动，营造温馨的家庭文化氛围，以身作则，对子女的生命道德观的形成达到潜移默化的影响。但现实中家庭教育可能片面重视对子女的智力教育，不重视对子女的生命教育，甚至在教育观念中回避死亡、自杀等话题，使孩子难以形成正确的生死观。孙莹（2007）在对家庭生命价值观与青少年的生命价值观的相关研究中发现，家庭生命价值观与大学生生命价值观存在显著相关，主要体现为家庭正向而积极的生命价值观教育和子女正向而积极的生命价值观的形成存在显著相关，家庭若给予子女积极和珍爱生命型的生命

---

① 林德发：《大学生人生价值观形成与发展的影响因素分析》，《思想教育研究》2003 年第 10 期。

② 周佳：《西南地区少数民族大学生生命价值观问卷编制与施测》，硕士学位论文，西南大学，2011 年。

价值观教育，那么子女的生命价值观就表现出积极、珍惜生命的特点；家庭若给予子女消极的生命价值观教育，子女的生命价值观则呈现消极和狭隘的特点；家庭若给予子女自我控制的生命价值观教育，则子女会更加珍惜自己的生命。

因此，家庭和学校要在生命道德感的教育中发挥重要的作用，重点关注男生，来自农村和汉族的青少年群体的生命道德教育。家庭是青少年道德成长的主要引导者，父母不仅不要避讳和孩子讨论生死问题，还要勇于和孩子探讨，帮助孩子形成正确的生命意识，学会处理自己的负性情绪，减少冲动性，帮助树立正确的生命意识，学会尊重生命，敬畏生命。

此外，学校要加强学生生命意识的教育，特别是加强对农村生命教育的探讨，挖掘农村生命教育的特点，农村多处偏远地区，与大自然接触较多，有很多开展生命教育的素材。同时可以将生命教育与其他学科的教学相融合，学校需要改变对教师和学生不当的评价方法。学校对教师的评价以学生的升学率为主，忽视对教师全面素质的评价，教师容易致力于提高学生的考试成绩和应试技能，较少时间去挖掘学科教学中潜在的生命价值的资源，难以达到应有的生命道德教育效果。同时，对学生的评价上，避免唯分数论，巨大的学习压力促使学生大部分时间在学习中度过，没有太多时间和父母交流，更没时间去接触社会和自然，很难切实体验到生命带给他们这个存在本身的幸福，容易滋生麻木，渐渐地漠视生命和怠慢生命。

此外，为了更好地预防青少年的自我伤害行为，学校需要加强校园文化建设，丰富校园文化活动。在校园中放置一些学科伟人的雕像，为他们的事迹、精神做简介，可为学生在日常的学习与生活中树立他们向往的学习楷模，达到一个榜样示范的引导作用，在面对挫折时，可以有优秀的精神帮助他们有勇气面对。校园中可见一些优良传统价值观，如仁、义、礼、智、孝、悌、忠、义，使学生在校园行走的过程中也可以得到潜移默化的影响。这些校园文化的基础设施建设，不仅可以继承和发扬本校的历史底蕴和人文气息，在校园可形成良好的文化氛围，还可以对学生进行潜在的陶冶和熏陶，给学生提供良好的学习环境之外，还提升学生良好的学习体验。

家庭和学校开展多种教育活动，其主要目的是帮助学生树立生命自主意识，正确认识生命，理性思考死亡（庞莉，2015）。① 生命自主即个体可以掌握自我的生命，并对生命负责的态度。对生命负责基于对生命价值的认识，生命自主是人们对生命价值不断认识深化的结果。时代在发展，新的形势要求人们不断深化对生命价值的认识。只有依赖于自身生命的自主、自由，"只有自身才可以判定自己生命价值的自我抉择，就此个体本身而言是合乎道德的，对于他人来讲则是道德中立的，因为理应得到社会广泛的理解与尊重"。对自己命运的把握程度是个体对生命的自主感、责任感的体现。学生可通过向教师、辅导员或咨询人员请教，积极探索属于自己的人生选择，一旦作出生命选择，应全力以赴，为自己的选择负责。随着孩子的成长，学生应树立角色意识，明确自己的责任所在，增强责任感，在面临重要抉择时勇敢地作出选择，不依赖父母、老师作决定，提高对自己生命的自主感和控制感，把握自己命运倾向。学生要建立自己对死亡态度的正面思考，正确认识生命的来源和消亡，理性看待死亡，尊重生命、珍惜生命、体验生命，在生命体验中获得情感，获得启迪，树立正确的生命观和死亡态度。

此外，要提高学生的抗挫能力，正确理解和接纳生命中的负性经验（庞莉，2015）。② 人在生命历程中总会经历种种困难、承受各种负性经验。在面对困难和考验时，容易产生挫败，主要原因是困难本身和化解困难能力之间存在差距。因此，一方面学生要深化负性经验的理性认识，对自身抗挫能力有正确的认识和评估，而对抗挫能力的认识归根结底是对人自身的认识和评价；另一方面要提高自身抵抗挫折、化解难题的能力。因此，大学生，尤其是那些生命道德感相对较低的学生，首先要给予自己正确的评价和定位，对解决困难的目标应该有一个切合实际的期望，避免因高估自己或者低估自己而产生挫败感。其次，客观看待生命中的各种经验，在面对负性经验时，应注意其有利方面，辩证地看待挫折和困难，积极接纳负性经验。再次，面对困难和挫折，学会合理归因，失败是由内因和外因共同起作用的结果，要避免将所有责任归因

---

① 庞莉：《大学生生命态度与心理求助的现状调查及其教育对策研究》，硕士学位论文，广西师范大学，2015年。

② 同上。

到自己身上或者外界的倾向，避免归因的片面性，实事求是地承担自己责任。最后，要学会主动去经历，敢于独立面对，勇于接受困境的洗礼，获得更多的生活考验，在困境和考验中提高自己的抗挫能力，使自己遭遇挫折情境时能经受住压力的打击；在生活实践中不断地磨炼自己的意志和经验，从挫折、失败中获得经验教训，从而增强克服困难的信心。

三　对青少年开展依恋干预，促进父母联结感

本研究结果显示父母联结，而非同伴联结，中介了生命道德感与青少年自我伤害行为的关系，因此，要减少青少年的自我伤害行为，除了大力开展生命道德感教育，还可以对父母联结进行干预，该结果可对临床医生带来启示，对于自我伤害行为严重的个体，除了对个体展开治疗干预，还可以对家庭开展重点干预。联结感是儿童与群体或组织中的重要他人之间建立的联系，这种联系可以提供归属感、不孤独感以及情感联结。它取决于环境中的亲密性，由不同程度和水平的爱、支持、奉献、积极情感等结合在一起（Barber et al.，1994）。[①] 联结有不同的形式，有对自我的联结，也包括对他人的联结，其中父母联结是人际关系中最基础的亲子关系或依恋。联结感会促使个体主动投入到与他人、群体或环境的关系之中，并且这种投入会提升个体的舒适感和幸福感，减少个体的焦虑，具有适应功能（Hagerty，et al.，1993）。特别是与父母的联结的感受起源于生命早期，它贯穿于一个人的整个生命历程。例如婴幼儿时期，亲子依恋给幼儿提供了最初的安全感，并产生了喜欢他人的感受，这种感受也影响着我们未来的社会交往。大量的实证研究证实良好的联结感是预防儿童、青少年以至成人出现各种行为问题或情绪问题强有力的保护因子。当个体面临不利事件时，高水平的社会联结可以防止精神疾病症状的出现（Henderson et al.，1980；Ryan et al.，1995），还可以使青少年更少出现抑郁、自杀以及药物滥用等方面的情绪问题，或者使被忽略、被虐待的孩子较少出现违法犯罪行为（Chandy

① Barber, B. K., Olsen, J. E. and Shagle, S. C., "Associations Between Parental Psychological and Behavioral Control and Youth Internalized and Externalized Behaviors", *Child Development*, Vol. 65, No. 4, 1994, pp. 1120-1136.

et al.，1996；Wison，1991）。

随着孩子的成长，父母亲依然是一个关键的社会网络资源，增强的父母联结有利于减少自我伤害行为。原生家庭是个人成长的重要环境，青少年在日积月累的耳濡目染中不断习得生活的技巧和为人处世的能力。因此，家长的言谈举止对大学生形成自己的价值观和人生观来说至关重要，家庭环境会直接影响青少年思想和行为的变化。在一个充满争吵和家庭暴力，缺乏交流的家庭中长大的孩子心理也容易扭曲，这种家庭环境会对孩子的思想和行为带来极大的负面影响。特别是青少年时期，容易叛逆、固执，行为难免偏激，滋生一些偏差行为，甚至可能通过自我伤害，想让自己被看见，获得父母的关心，让他们和好，以他的方式来面对这种家庭环境的不良影响，或者尝试通过这种方式来解决父母的冲突问题。相反，一个和谐的家庭环境给孩子营造一个积极向上的气氛，使孩子在价值行为的选择更加正能量。开明的家庭注重对孩子心理、思想意识、行为的关注和引导，使学生在潜移默化中得到品行的培养，拥有自己和谐、理性的价值判断和道德行为选择，这种学生在面对挫折、冲突时，会避免自我伤害行为，也会积极地帮助他人来避免自我伤害行为。当孩子受到心理挫折时，如果得不到家人对自己的帮助与关怀，而是必须由自己一个人去面对，就很有可能作出一些有偏颇的选择，如果此时，又得不到家人的纠正与引导，只能靠自己去摸索，就有可能走很多弯路，也容易形成自卑厌世、盲目跟风、孤僻冷漠、暴躁易怒的扭曲性格。因此，父母努力去营造一个温暖和睦的家庭环境，父母在生活中的以诚待人，民主决策，认真负责等言行举止不仅可以对孩子起到潜移默化的示范作用，一个开明、民主、宽容的父母也是孩子遇到问题时可以积极主动求助的对象，共同寻找解决问题的办法。

依恋是人类进化的产物，是一种与生俱来的需要，满足这种需要的对象必须是可接近的，让我们感觉到安全的与信任的，并在自己遇到危险的时候可以提供足够的保护。婴儿的心理健康的稳定发展取决于生活中是否有这种依恋对象的存在，并内化成为以后成长过程中的安全基地。随着安全基地的形成，个体会形成关于自我和他人的内在表征，这种表征一旦形成，人们就会利用它来预测别人的行为，并对他人抱有一定的期待，从而制定相应的行为策略。在这些依恋理论的基础上，克莱恩布尔（Kranenbur）等提出了关于依恋干预的理论模型，进而指出依恋干预在实践领域的几种干预模式：养育行为干预，依恋表征干预，提供社会支持干预，加强家庭心理健康和生活幸福感的干预（安蕾，2016）。[①]

好的父母教养方式是培养良好亲子关系的一个必要前提（Karim & Begum，2017）。父母教养方式是指在日常家庭生活中，父母对子女教养的固定行为模式与倾向。家庭系统理论和生态系统理论都认为，家庭系统在个体的社会适应和发展中发挥着重要作用，其中父母教养方式是子女发展的资本，父母教养方式越积极，子女拥有发展的社会资本就越多，发展就越积极；父母教养方式越消极，就越会妨碍子女的积极发展。研究也发现父母积极的教养方式是青少年积极发展的重要原因，父母教养方式越积极，青少年自我价值感就越高（吴志斌，2018）。[②] 父母教养方式越积极，投入越多，子女积累的发展资本也越多，未来发展越积极。父母在教养方式中关怀、关心、自主性越多，青少年在热爱学习、兴趣、好奇心、灵活创新、诚实正直、领导能力、自我控制及调节、积极乐观及关爱友善方面发展就越好；父母在教养方式中冷漠拒绝、过度保护越多，青少年在这些方面发展就相对越不足。需要鼓励父母去满足孩子的心理需求和情感需求，这种积极的教养方式十分有利于促进父母与青少年的积极关系。

从心理动力层面对成人依恋表征进行干预。依恋表征起源于个体早期与主要看护者的互动精力，是成人对其童年期依恋经验的回忆和重构（林青等，2014）。[③] 根据依恋理论，依恋表征可以作为个体后期建立人际关系的基础，对其未来的亲子关系行为发挥重要的指导作用。实证研究发现母亲不安全的依恋表征与低质量的看护行为有关（Behrens，Haltigan & Bahm，2016）。一般依恋表征上过度投入型的个体会担心自己被恋人抛弃或拒绝，冷漠型个体不喜欢和恋人保持亲密关系。一般依恋表征水平上，对待他人越积极，他们在婚恋关系中就会更加与恋人保

---

① 安蕾：《早期依恋干预研究进展》，《中国儿童保健杂志》2016 年第 3 期。
② 吴志斌：《大学生积极发展与父母教养方式、自我价值感关系研究》，《重庆工商大学学报》2018 年第 4 期。
③ 林青等：《从母亲的敏感性到学步儿的依恋安全性：内部工作模式的桥梁作用》，《心理学报》2014 年第 8 期。

持亲密关系，依赖恋人；对自己评价越高，在婚恋关系中就越不担心自己被恋人抛弃。母亲的这种依恋表征也影响到她的育儿行为，弗莱伯格（Fraiberg）等提出通过改善母亲内部依恋表征的心理动力学干预技术，要求咨询师在倾听母亲充满抱怨和焦虑的描述以及观察母婴互动的基础上，帮助母亲理解其自身的成长精力是如何投射到亲子互动之中，又是如何影响着亲子关系（安蕾，2016）。

社会支持是身心健康的有效保护因素。在需要帮助的时候，如果个体缺乏必要的社会支持，心理健康状况会急剧恶化。有效的社会支持会降低生活事件对个体的负面影响。这个社会支持可以来自家庭成员（亲戚），也可以来自非家庭成员（邻居、朋友、社区、公共服务机构）。大量研究证明社会支持能为个体提供相关的心理支持，特别是心理危机发生后，社会支持能让个体拥有心理安全感，缓冲个体对某些风险刺激的应激，对维持个体良好的心理状态具有重要意义（阮碧辉，2012）。[①]父母的压力、身心健康等因素也会影响父母对孩子的育儿行为，因此，对成人的社会支持，可以改善成人的心境，促进安全依恋的形成。特别是对产妇的社会支持（Jacobson et al.，1991），对 23 名初产妇接受长达一年的家访服务，工作人员与其谈论怀孕的感受、新生儿对家庭的影响，提供关于孕期和新生儿保健知识，并共同制订计划以从公共服务体系中寻求更多帮助，结果发现接受这些服务的亲子依恋安全性显著较高。

幸福感一般指人们对当前生活满意度的主观评价，是个体通过实际生活状态和理想生活状态比较而产生的肯定态度和积极感受。一个来自家庭幸福感很高的家庭的孩子，与父母关系温暖、和谐，沟通顺畅，有更少的自我伤害行为，有必要提高家庭幸福感。中国人的大脑中有强烈的家本位思想，自古以来，中国人的生产与劳动主要以家庭为核心，家庭幸福是中国人的普遍追求，生育行为及生育结果对家庭幸福感存在直接和关键的影响。随着国家二孩政策的开放，很多家庭走向二胎家庭，全面二孩的政策也直接影响着千家万户的家庭幸福感，此时，生育服务资源，托幼资源，家庭支持，家庭经济收入，和谐的家庭关系等诸多因

---

①　阮碧辉：《汶川地震灾区籍大学生心理健康教育的效果研究——基于引入社会支持干预的视角》，《黑龙江高教研究》2012 年第 10 期。

素都影响着家庭幸福感，这些因素不仅和个体有关，也和政府公共服务，顶层制度设计都有密切关系，国家、政府和社会急需为这些育龄女性提供更充分和质量更优的生育服务和托幼资源（王磊，2017）。①

第三节　生命道德感促进亲社会行为的教育对策

一　大力提倡和鼓励亲社会行为

亲社会行为泛指一切符合社会期望并对他人、群体或社会有益的行为，包含助人、慈善、分享、协助、捐款、救火和自我牺牲等。本研究结果表明生命道德感有利于促进紧急亲社会行为，即在紧急情境下帮助他人的行为，这些紧急情境往往是突然发生的，不常见的情形，常常令人猝不及防。当今的中国是一个科技、知识、信息、经济等高速发展的时代，在变革大潮的影响下，道德的多元性和多样性日渐突出，道德行为的表现形式也和过去不同，每个个体对道德都有自己的理解，通过复杂多样的社会关系及行为体现自己的道德水准及道德素质。在大量的媒体报道中，不难发现，这个社会好人比比皆是，但同时好人在帮助受害者时，反被受害者讹诈、起诉等事件也时不时地被报道。自从南京的彭宇案之后，一个好心人扶老年人，反被老年人陷害是被他推倒，最后，彭宇被判对老人进行赔偿，法官的判案依据和结果让中国的整个社会道德水准倒退了一大步，此类事件的社会传播所带来的社会效应是非常负面的，导致大家在别人需要帮助的时候，不敢伸出援手，因为助人成本急剧增加。

艾森伯格（Eisenberg）（1992）在吸收借鉴前人研究成果的基础上总结出了亲社会行为理论，她对各种影响因素与亲社会行为之间的关系进行了严密的科学推论并提出了一种自己的理论模式，将亲社会行为按照产生过程分为：对他人需要注意阶段、确定助人意图和助人意图与行为相联系三个阶段。该理论模式强调个体自身特征和对特定助人情境的解释是影响亲社会行为的重要因素，并解释了在不同情境下影响个体实

---

① 王磊：《"全面两孩"政策下育龄女性的生育行为与家庭幸福感——从生育服务和托幼资源视角的观察》，《西南民族大学学报》2017年第6期。

施助人行为的关键因素。在紧急情况下，情感因素在助人决策的过程中起主要作用；而在非紧急情况下，个体的认知因素和人格特质可能起主要作用。因此，要促进亲社会行为，有必要促进对不同阶段的认知、人格和情感因素的培养。

在中国传统的历史文化中，感恩有着特殊且重要的地位，传统文化大力提倡人们需要知恩图报。在儒、释、道的主流传统思想中，感恩都是作为一个重要的价值观和准则。儒家的四大伦常是忠、孝、节、义，其核心都是感恩，感恩是儒家文化的一大特色，主要体现为忠为报君恩，孝为报亲恩，节为报夫恩，义为报友恩。佛家也有上报四重恩，下济三涂苦。劝导世人要用三涂苦来报四重恩，提醒人们时时记住父母之恩，师长之恩，国家之恩，众生之恩。道家也是受恩不感，念怨不休的训律，如果人们不能对恩惠表示感恩，就会经常抱怨生活，以教导大家行善以修身。传统文化为国人树立一个非常正确的感恩价值观念，但随着经济和科技的迅速发展，传统文化赖以生存的土壤发生了巨大的变化，报恩的行为规范产生和发展于传统的乡土社会，而今天的城市化和现代化的进程让我们进入一个陌生人社会，陌生人社会使得感恩失去了熟人间的道德约束。传统的感恩文化受到了极大的冲击。这些年感恩缺失成为一个社会问题，不仅不被感恩，反而可能被遭陷害。研究发现感恩倾向强的个体更容易表现出亲社会行为，受惠者在接受帮助和关心之后会表示感激，会认为美好的世界需要自己和他人作出更多的贡献，有必要提高个体的感恩特质水平和恩惠认知水平（董冠平，2017）。[1] 因此，学校有必要大力开展感恩教育，发扬中华民族优良的道德传统。

根据社会学习理论，人与人之间的互相帮助，彼此关怀，互助互爱行为可以通过耳濡目染形成，可通过替代性经验的榜样学习而形成。因此我们应大力提倡亲社会行为，并要通过电影电视等大众传媒提供直观的、生动的示范和学习的榜样。2007 年的南京彭宇案的判决，被媒体评为最具有影响力的十大新闻事件之一。传统道德观念与法院判决之间的冲突，也引起了人们对实施见义勇为，助人为乐等亲社会行为的广泛关注。这个事件引发了极大的负面社会反响，此后，老人摔倒无人扶

---

[1]　董冠平：《感恩对亲社会行为的影响》，硕士学位论文，南京师范大学，2017 年。

起，有人突发急病无人施予援手，人们选择围观，远远地议论，看热闹，成为一个旁观者。慈善援助基金会发布的世界捐赠指数报告中，中国一直排在靠后的位置。人类是群居性动物，需要相互间的合作和帮助，才能更好地适应社会和环境的变化（Penner, Dovidio, Piliavin & Schroeder, 2005）。合作、分享、安慰、捐助、志愿活动等亲社会行为能给个体的身心健康带来诸多益处，比如亲社会行为导致个体更快乐、主观幸福感更高、体验较少的焦虑、抑郁等负性情绪（王红，2018）。一个整体冷漠的社会是可怕的，道金斯（2012）在《自私的基因》中指出，一个自私自利，只顾自己利益最大化的个体所组成的社会群体，也终将在互相蚕食中走向消亡，缺乏合作的群体很难抵御一些共同的危险，不可能走向繁荣。①

唤醒—代价回报模式是亲社会行为的主要理论之一（朱莉，2011），该模式关心亲社会行为中的代价和回报问题，它将唤醒和代价回报结合起来，从另一角度解释亲社会行为机制产生的原因。认为唤醒能激发个体实施助人行为，而代价回报则给行为指出了方向。该模式包括5个基本命题。命题1：被唤醒：在目睹他人困境时会将旁观者唤醒，许多实验证据表明，面对他人的困境和痛苦时，个体在心理上会被唤醒并感觉到移情（Fabes, Eisenberg & Eisenbud, 1993）。② 命题2：唤醒后的归因：不同的人唤醒多少以及如何解释这种唤醒是不一致的，唤醒—代价回报模式认为，一些旁观者特征、受助者特征、施助者和受益者关系以及情境特征会影响个体唤醒程度，个体如何归因和解释这种唤醒会对其助人行为产生重要影响。命题3：评价情境：唤醒水平在评价潜在代价和回报时会影响个体选择的直觉信息以及决策，旁观者将选择减少唤醒反应，并且尽可能减少付出的代价。命题4：在一个特定情境中对一个紧急事件观察后特定的人格类型会迅速地、冲动地、非理性地实施助人或者逃避行为。命题5：在与情境接触结束时，唤醒将随事件而缩减，不论受益者是否得到帮助。因此，根据社会学习理论和亲社会

---

① ［英］道金斯：《自私的基因》，卢允中等译，中信出版社2012年版。

② Fabes, R. A., Eisenberg, N. and Eisenbud, L., "Behavioral and Physiological Correlates of Children's Reactions to Others in Distress", *Developmental Psychology*, Vol. 29, No. 4, 1993, pp. 655-663.

行为理论，政府不仅要通过大众传媒的手段大力提倡亲社会行为的社会风气，同时还应出台相应的政策保障，不能让好心人吃亏。

二 大力开展关怀生命的生命道德教育

根据生命道德感的理论建构，生命道德教育的目标不仅包含珍爱生命，也包括关怀其他生命。人生最宝贵的财富就是生命，个体促进生命价值的创造和实现都以生命的存在为前提。父母给予我们生命，并含辛茹苦地养育我们长大，珍惜自己的生命是对父母的一大孝敬，因为对自己的伤害会给父母造成巨大的精神伤害。人的生命与生俱有一种求生的本能，对自己身体的伤害行为主要由心理内部因素造成。因此，家庭和学校要重视青少年的身心健康，学校要大力开展心理健康教育，让青少年学会悦纳自己，爱自己，培养自我价值感，一个不懂得爱惜自己生命的人，心中能产生多少爱给别人。只有青少年掌握身心健康的相关知识，明白如何维护自己的心理健康，才能更好地努力和爱护自己的生命，拥有珍惜生命存在和保障生命存在所需的技能。

此外，在珍惜生命的基础上，生命道德教育的另一个目标就是学会关怀其他生命，从不同境遇中的生命出发，给予不同境遇的生命个体不同的关怀，用生命去温暖生命，用生命去呵护生命，用生命去滋润生命，用生命去灿烂生命。学校可专门设置生命道德课，围绕珍惜生命，关怀生命为主题开设相关课程（向娟，2012）。① 为讲授好这个课，学校首先集合心理学、思想政治、伦理学专业方向的老师组成相关课程的师资队伍；要选择或自主编著生命道德教育的相关教材，教材的重点围绕珍惜生命和关怀生命，避免和其他生理卫生或思想政治课教材相同；在生命道德教育的课程实施方面，学校鼓励采用多种教学方法，做好理论与实践结合，道德是我们生活中的重要组成成分，每个人在每天的社会生活中都有道德的参与，该课程教学时，要多从社会日常生活中取材，避免把道德塑造地高不可攀，提高青少年的生命道德意识，促进青少年的生命道德感。比如，开展视频教学、体验式教学，观看生命的诞生或虐杀视频，参观产房，婴儿室，了解生命的起源和孕育生命的艰

---

① 向娟：《大学生生命道德教育研究》，硕士学位论文，海南师范大学，2012 年。

难；深入孤儿院、敬老院等机构，提供志愿服务，爱心活动的机会，让青少年有机会懂得去关怀别人，这个世界上有很多生命费劲了力气，只为了活着，他们渴望帮助和关怀。

　　为更好地实现珍惜生命和关怀生命的生命道德教育目标，需要建立完善的保障机制（康宏，2010）。① 第二次世界大战后，美国的教育发展主要通过教育立法来促进教育改革与发展，我国的教育立法相对滞后，很多教育没有立法，实践中没有相应法律，法规的维护，一旦出现问题就是先采取应急机制进行暂时调整。依法治教是当代一个与时俱进的潮流，符合当代中国的现实需求，因此，有必要制定相应且详尽的生命道德教育法律和法规，并通过专业化监督加以保障，明确执法主题，加强执法力度，避免教育法律法规变成一纸空文，维护法律、法规的严肃性和权威性。

　　随着孩子不断成长，学生会越来越崇尚个性自由和人格独立，强调自我的重要性，但过于注重自我则容易导致学生形成自我中心主义，在生活中表现为忽视身边人和身边事，对身边人漠不关心，对身边事无动于衷，不懂爱与关怀他人。因此，学生要学会感恩与换位思考，在人际交往中，考虑别人的感受，在别人需要帮助时主动伸出援手，体验帮助别人的快乐，学会关心、爱护他人，把爱人的情感升华到爱生命、爱生活。换位思考体现的是一种人文关怀，"以人为本"的理念。学生要学会尊重他人、理解人、关心人，不因个人的性格、家庭背景、受教育程度等而区别对待，站在对方的位置想对方所想，与对方进行友善的沟通。首先，学生可以通过观看视频、开展主题团日活动与主题班会、庆祝特殊节日等加强自身感恩意识的培养，学习如何对给予自己帮助的人表示感谢；其次，积极参与志愿服务活动，把感恩之心付诸行动中，体验自己的付出给人们、给社会带来的价值，从而把感恩内化成自己的品质；最后，从小事做起，从身边做起，将感恩的行动落实在日常的生活中（庞莉，2015）。②

　　要做好教书育人工作，要培养学生学会关怀其他生命，教师自己要

---

① 康宏：《大学生生命道德教育研究》，硕士学位论文，天津商业大学，2010 年。
② 庞莉：《大学生生命态度与心理求助的现状调查及其教育对策研究》，硕士学位论文，广西师范大学，2015 年。

懂得关怀其他生命，首先就是要做到关爱学生。教师的道德风尚直接影响祖国下一代的道德风貌。如今，也存在不少教师道德败坏，摧残学生的生命现象，教师缺失了"生命"，成了"空壳"，人对生命的漠视引发了社会的精神危机，精神危机会腐蚀人的灵魂。据报道，深圳某幼儿园孩子因不肯睡午觉，屡次被老师用签字笔扎破脚心；某学校一名教师对一位身体和心智尚未发育成熟，思想和意识有待完善和提高的小学生，进行棍棒震慑，学生受皮肉之痛后，在6月天里，还要被罚在露天操场跑步36圈。教师本应怀着一颗神圣职业理想之心，育人子弟，一展作为，可是一些教师却令人发指地施暴于未成年无辜的孩子，他们在弱小的生命面前却如此狠毒，他们对生命如此的藐视和冷漠值得令人深思（杨茜，2013）。①

信仰是一个人的基本态度，是渗透在他全部体验中的性格特征，信仰能使人毫无幻想地面对现实，并依靠信仰而生活。信仰是对世界和人生的一种价值态度，是对生活的意义和价值的自觉意识和选择。信仰是个人的精神支柱，对社会而言，信仰则是力量的源泉。作为教师，担负着教书育人的重大责任。教育信仰就决定了教师的使命感。如今，就整个社会而言，偏重个人利益的世俗化倾向得以加强，追求高尚的理想道德逐渐弱化，这很大程度上影响着教师职业信仰的形成。如今，部分教师对于自己的信仰处于迷茫状态，在功利主义、实用主义、个人主义的选择中走失了方向，从而让教育的经济色彩和功利色彩加重，而教育的本真价值和赋予的生命意义却逐渐消失。

因此，生命视域下教师道德养成教育是让教师自主地去认识与培养教师的生命道德认知、生命道德情感、生命道德意志及生命道德行为。从而使教师正确认识自我的生命价值，理解教育活动的生命意义，唤起教师生命的良知与生命的意义，培养教师的人文精神、职业信仰精神，激发教师对学生的关爱情怀，进而更好地完善个体生命，提高个体生命质量及价值，为教师幸福的人生奠定基础。完善教师生命的道德养成教育必须在生命世界中进行，生命世界是生命存活的世界，是生命的意义和价值世界。为此，应从养成教师良好的生活习惯入手，教师自觉养成

---

① 杨茜：《论生命视域下教师道德养成教育探究》，《教师教育论坛》2013年第7期。

勤于学习，勤于思考，勤于锻炼的良好生活习惯。生活是最好的学习资源，也是最好的实习基地，教师在生活中践行道德，在生活中体悟道德的真谛，教育应回归生活，教师教育同样也应回归生活，通过生活提升教师职业道德，提升教师个体道德水平，让道德融于教师一身，与生活同在、与生命同在（杨茜，2013）。

三　开展共情训练，提高青少年的共情水平

共情是一种能设身处地体验他人处境，体验他人内心世界，从而达到感受和理解他人的情绪情感体验的能力。本研究结果发现生命道德感促进个体的亲社会行为，主要在于个体的生命道德感越强，其共情倾向也越强，越能设身处地为他人着想，进而表现出更多的亲社会倾向。因此，可以通过开展共情干预来促进亲社会行为。

费什巴赫（Feshbach）等（1987）认为，共情包括两种认知成分和一种情感成分，认知成分表现出不同的维度：推断他人行为的原因和识别与区分他人情感状态的能力以及对他人情感和认知的观点采择或角色采择技能；情感成分包括体验和识别自己和他人的各种各样情绪的能力（Feshbach，1987）。共情就是一种特殊的观点采择，是人们在觉察他人情绪反应时所体验到的与他人相同的情绪反应，它是两种成分相互作用的结果。首先，是辨别他人情绪情感状态的能力。无论是成人还是儿童，若要对另一个人的情绪反应产生共情，此人必须能够从不同人的不同情绪状态中区分和辨认出相关的情感线索。其次，要具备更复杂的认知技能，即依据获得的情感线索推测他人的内部情感状态，尤其是建立在采择他人观点基础上的对他人内部情感状态的推测。以上三者都属共情的认知成分。第二就是情绪情感的反应能力，也就是观察者产生与被观察者类似的情感体验的能力，共情通常就包括这两方面的内容。也就是说，在刺激事件与个体行为反应之间存在着"情感和认知"两种密不可分的中介因素（陈珏，2008）。①

共情从何而来，又是如何随着个体的成长而发展的，现在学者普遍认同共情本身是基于神经学的，但发展受到环境的影响。霍夫曼

---

① 陈珏：《通过共情训练改善大学生人际关系的研究》，硕士学位论文，南京师范大学，2008年。

（Hoffman）（1977）发现①，儿童认知技能和情感体验随年龄的增长而增强，共情水平也随着不断发展，他将儿童的共情发展分为四个阶段：0—1岁是物我不分阶段；1—2岁是自我中心阶段；2—3岁是认知阶段；童年后期发展成最高水平的直接情境阶段。过去研究表明，共情作为一个属性，是可以通过教育活动进行改变的。共情训练，是指主体参与有目的，有计划的教育活动，通过这个活动使他们积极体验他人的情境与需要，提高他们对他人情感的理解和分享能力（贾笑颖，2014）。②共情训练是以共情为理论基础，以提高受训者分辨和理解他人情感从而做出共情行为能力的一种指导教育活动。

要对共情进行训练，有必要了解共情是如何产生的？共情作为一种间接性情绪，其发生机制和直接性情绪有所不同，其根本区别在于：直接性情绪是由刺激事件作用于本人的情况下产生的，而共情是在刺激事件作用于他人的情况下产生的，是对他人而非本人所处情境的一种移入的情绪反应。心理学家们对共情的心理机制也做了探讨，主要涉及以下五个相互作用的机制（陈珝，2008）。第一个是条件反射机制。当一个人观察到另一个人的情绪线索时，之所以能够产生相似的情绪体验，是因为他人的情绪线索变成了引发自我情绪的条件刺激。例如，当婴儿由处于紧张而焦虑情绪状态的母亲抱着时，能够通过与母亲的身体接触，感觉到母亲的紧张而产生痛苦。此后，母亲的痛苦表情和声音都能够成为引起婴儿共情的条件性刺激，而不再需要身体的直接接触，从而通过刺激泛化，别人的痛苦表情也可引起婴儿的痛苦。

第二个是直接联想机制。当观察到他人在体验一种情绪时，他人的面部表情、声音、姿势及情境线索等会使观察者联想或回忆起过去曾体验过的类似情形，从而引发相似的情绪体验。例如，有因割破手指而产生过病苦经历的幼儿，看到有小朋友因割破手指而哭泣时，就会引起共情反应。这时共情的产生，是由于同伴的痛苦而引起了联想，导致重现自身过去痛苦经验的结果。这种以情境的直接联想引起共情的方式，比前述条件更为普遍，无论在幼儿还是在成人中，都可能经常发生。

---

① Hoffman, M. L., "Empathy, its Development and Prosocial Implications", *Nebraska Symposium on Motivation*, Vol. 25, 1977, pp. 169-217.

② 贾笑颖：《大学生共情现状及其干预研究》，硕士学位论文，扬州大学，2014年。

　　第三个是模仿。有些心理学家认为，共情的产生与情绪感染的发生机制"模仿"，有直接的联系，即当人们模仿他人的面部表情和身体姿势时，就可能会感受到与他人相同的情绪。例如，戴维斯（Davels）及其合作者通过实验研究证实，情绪感染的发生机制是一种初步的运动肌的模仿，在这种模仿过程中，观察者会自由地感受到他人的情绪。此时，观察者并非处于自己的情形中而是处于他人的境地，并无意识地、设身处地地为他人着想。

　　第四个是象征性联想。在年长儿童和成人中，共情的产生，不仅会通过对方的表情和姿势所诱发，也可以通过信件或照片等间接信息知觉到他人的情感而诱发共情。虽然这些产生共情的线索是对事件发生情况的描述或标记，而不是情境本身，但和联想一样，它们也是以他人的或情境的情绪线索与观察者过去的情绪体验之间的联系为基础的。只是在这种模式中，共情产生的形式要更为高级，因为产生共情的人需要学会去解释那些代表真实情境的信息。然而，这仍然在很大程度上是不随意的。照片或信件等信息不过是对方传递给个体从而使个体产生共情的媒介。

　　第五个是充任角色。与前面几种方式不同，充任角色涉及想象或设想对方所处情境的精确的认知能力。在这种方式中，共情的产生更多地依赖于共情者本人过去的经历。共情者把自己放在他人的处境中，想象自己遇到了与它相同的经历，这有力地诱发了共情者对过去的情绪体验，从而对他人产生很强的共情体验。在这一过程中，共情者似乎充任了对方的角色，而且由于存在一种认知的重新调整或转换过程，因而较多地受意识的控制和调节，表明这种方式要比前几种方式更高级。

　　这些共情心理机制的探索为共情的训练干预提供了理论基础。随着对共情训练的研究深入，但一直并未形成一个统一的训练方案，共情训练的框架和内容往往因为研究目的的不同，呈现不同的研究设计。在儿童共情训练的研究领域，由费什巴赫等人（1982）设计的共情训练方案"学会关心：共情训练方案"（Learning to care：the empathy traning program）的影响较大。[1] 这个共情训练旨在有效抑制儿童攻击性，促进儿童亲社会反应。其共情训练为参加的儿童设计了一系列帮助儿童更好

---

　　[1]　Feshbach, N. D. and Feshbach, S., "Empathy Training and the Regulation of Aggression: Potentialities and Limitations", *Academic Psychology Bulletin*, Vol. 4, 1982, pp. 39-41.

地理解他人的情绪和想法的活动，促进儿童学习换位思考的技能。训练的安排是每次训练 45 分钟左右，一周训练 3 次，共训练 10 周。在训练初、训练期间和训练后都会有被试者的教师和同伴对其亲社会行为进行评估。结果表明，参加共情训练的儿童（三至四年级）比未参加训练的儿童，的确增加了他们的亲社会反应。萨因（Sahin）（2012）研究的目的是针对小学 6 年级学生欺凌行为的干预方案中共情培训的有效性。这项研究的研究对象为 38 名小学生，分为实验组和对照组，对实验组进行共情培训，结果发现，实验组的欺凌行为显著低于对照组参与者，实验组的参与者共情技能水平的提高显著高于对照组的参与者。可见研究表明共情训练可促进青少年亲社会行为和降低攻击行为。

目前主要的共情训练方法有以下几类（王馨，2016）。① 第一类，角色扮演。通过角色扮演体会不同的感受，加深对角色身份的理解，最后内化。第二类，多感觉通道训练。运用视频、录音、阅读、情感追忆等多种感觉通道导入训练，训练被试者的共情能力。第三类，情境讨论。给被试者展现系列的情境，情境中含：某人物的感受，想法，行为。针对给出的情境中的人物的这些特质进行讨论，最后实现换位思考。第四类为模仿或者作业等其他的形式。

为促进青少年的亲社会行为，根据共情的认知和情感成分，主要涉及在情绪化的情况下理解他人的观点的能力和对其他人经历的情绪。唐宁（2015）设计了一个共情训练方案，对共情的认知、情感和行为三个维度进行结构式训练，共情训练进程安排为每次训练 45 分钟，每周训练 1 次，一共持续 10 周，结果表明共情训练显著提高青少年的认知共情能力，共情训练能够显著增加匿名性、利他性、情绪性、紧急性的亲社会倾向。

认知训练：提供给被试者一些图片，图片中的任务是带有一定的与环境相符的情绪的，要求被试者捕捉图片里的情绪情感的讯息，并引导被试者进行理解和体会，可以提出带有开放性的问题：在图片上你认为他们在做些什么？是带着怎样的感受在做呢？每张图片都会留有与组员讨论的时间，鼓励他们多说出情绪词语，多根据信息揣摩情绪。并且，

---

① 王馨：《共情训练对暴力型男性未成年犯攻击性的影响》，硕士学位论文，湖南师范大学，2016 年。

在此基础上，提供给被试者无声电影，增加训练的难度，由静态到动态，趋于生活化，循序渐进，加深被试者对情绪的认识和理解。

情感训练：这部分内容主要通过设置情境，体验和分享，情绪追忆和情感换位等训练方法来实现，主要目的是让被试者能够注意他人所处的情境和情绪，并且通过回忆和结合自己类似的经历，能够更好地理解并关怀他人所处的情境和情绪，从而达到提高情感共情的效果。通过爱在指间活动环节，让学生学会理解对方的情绪，感受自我与他人之间的想法的一致和不一致，了解其他人对自己的评价，促进同伴之间的交往，进而能够更加积极地参与。后续的训练课程通过分组讨论"假如你是老师，你希望你们班上孩子是怎样对待课堂的呢?"以及讨论事先安排的现实情境（或者提问让同学自己说出自己在生活中的困扰），让大家有主题有组织地进行讨论和分析。从而训练小学生能设身处地地理解他人的情绪情感与行为，能够更好地为他人考虑，实现共情。

行为训练：主要是通过倾听训练、换位思考和角色扮演来实现促进共情行为的产生。通过热身游戏的导入让被试者意识到倾听的重要性，然后通过领导者的演示和示范来帮助被试者倾听技巧的提升，最后让被试者在体验互动的过程中感受倾听的习惯的好坏从而切实地做出共情行为。让被试者能够分清积极倾听和消极倾听，给出一定的句式或行为让被试者判断，并且训练一些积极反馈的技巧，有意识地将此次学到的有关倾听和反馈的技巧在生活中进行运用，尤其是在他人需要帮助时，认真倾听他人的困境，才能够更好地帮助别人。并且通过设置情境，来进行角色扮演，切实体会角色所具有的情绪、立场和想法，真切鼓励做出共情行为。

参考文献

一 中文部分

曹艳丽:《中学生自杀态度与生命意义的跨文化研究》,硕士学位论文,西北师范大学,2007 年。

陈秋等:《大学生生命意义与社会支持、心理控制源及主观幸福感》,《中国健康心理学杂志》2015 年第 1 期。

陈秀云:《大学生个人生命意义量表编制及初步应用》,硕士学位论文,浙江师范大学,2007 年。

程明明等:《生命意义心理学研究的理论与测量》,《心理发展与教育》2010 年第 4 期。

崔承珠:《大学生的问题性网络使用与死亡态度的关系:生命意义感的中介作用》,硕士学位论文,华中师范大学,2016 年。

丁凤琴等:《感恩与大学生助人行为:共情反应的中介作用及其性别差异》,《心理发展与教育》2017 年第 3 期。

董蕊:《大学生敬畏情绪与主观幸福感研究》,《教育与教学研究》2016 年第 5 期。

方杰等:《类别变量的中介效应分析》,《心理科学》2017 年第 2 期。

富伟伟等:《压力与青少年抑郁的关系:有调节的中介效应分析》,《中国临床心理学》2018 年第 4 期。

高娟等:《大学生生命意义、特殊完美主义和生活满意度的关系》,《中国健康心理学杂志》2014 年第 8 期。

高淑玲等:《农村留守儿童的生命教育探究》,《教育评论》2014 年第 7 期。

郝宇欣：《中学生时间管理自我监控、时间洞察力与生命意义感的关系研究》，硕士学位论文，河南大学，2015 年。

何英奇：《生命态度剖面图之编制：信度与效度之研究》，《台湾师范大学学报》1979 年第 35 期。

胡天强等：《大学生适应性与生活满意度的关系：生命意义的中介作用》，《西南师范大学学报》（自然科学版）2014 年第 4 期。

江慧钰：《国中生生命意义之探讨比较分析与论释研究》，硕士学位论文，慈济大学教育研究所，2001 年。

姜涛：《虐待动物罪的伦理基础》，《伦理学研究》2012 年第 3 期。

解亚宁等：《少数民族大学生与汉族大学生心理健康水平的比较》，《中国临床心理学杂志》1993 年第 1 期。

孔祥娜：《大学生自我认同感和疏离感的研究》，《河西学院学报》2005 年第 3 期。

李娇娇等：《大学生生命态度的特征及其与应对方式的关系》，《四川文理学院学报》2016 年第 2 期。

李旭等：《大学新生生命意义感与心理健康状况的相关研究》，《中国健康心理学杂志》2010 年第 10 期。

刘丽君：《中学生个人生命意义问卷的初步编制》，硕士学位论文，湖南师范大学，2009 年。

刘明娟：《初中生生命意义感的调查与干预研究》，硕士学位论文，山西大学，2009 年。

刘淑娟：《癌症对老人生命态度的冲击》，《荣总护理》1998 年第 4 期。

刘唯玉：《师资生生命态度及其对师资培育之启示》，东部教育论坛，花莲，2005 年。

毛天欣：《高职生生命意义量表的编制及其特点分析》，硕士学位论文，西南大学，2016 年。

聂晗颖等：《自我概念清晰性与生命意义感及主观幸福感的关系》，《中国临床心理学杂志》2017 年第 5 期。

潘靖瑛：《生命态度量表之发展》，《慈济大学教育研究学刊》2010 年第 6 期。

钱程：《敬畏情绪对自我损耗下个体诚实行为的影响》，硕士学位论文，苏州大学，2017年。

钱铭怡等：《艾森克人格问卷简式量表中国版（EPQ-RSC）的修订》，《心理学报》2000年第3期。

秦峰等：《黑暗人格三合一研究述评》，《心理科学进展》2013年第7期。

邱哲宜：《青少年生命意义感、死亡态度与自我伤害关系的研究》，硕士学位论文，台湾师范大学，2004年。

孙莹：《家庭生命价值观教育与大学生生命价值观的相关研究》，硕士学位论文，西南大学，2007年。

唐宁：《共情训练对小学生亲社会行为的影响》，硕士学位论文，湖南师范大学，2015年。

王红：《大学生自我增强与自我超越价值观对亲社会行为的影响：共情的调节作用》，硕士学位论文，山东师范大学，2018年。

王美艳等：《1990年以来中国各民族人口教育发展研究——来自人口普查和人口抽样调查数据的分析》，《人口学刊》2012年第3期。

温忠麟等：《从效应量应有的性质看中介效应量的合理性》，《心理学报》2016年第4期。

温忠麟等：《中介效应分析：方法和模型发展》，《心理科学进展》2014年第5期。

巫文琴：《高中生生活意义感调查研究》，硕士学位论文，南昌大学，2014年。

吴静谊：《高雄市老年人生命态度与其幸福感之相关研究》，硕士学位论文，国立高雄师范大学，2007年。

吴凌鸥：《儒家道德传统中的敬畏思想》，《牡丹江大学学报》2011年第11期。

肖蓉等：《医学生生命意义感状况与幸福感关系》，《中国公共卫生》2010年第7期。

肖玉琴等：《冷酷无情特质：一种易于暴力犯罪的人格倾向》，《心理科学进展》2014年第9期。

谢春艳：《广西汉族壮族大学生心理健康状况比较研究》，《广西民族大学学报》2005年第3期。

徐晟：《社会赞许性的争议、应用与展望》，《南开学报》（哲学社会科学版）2014年第3期。

杨红：《死亡焦虑及其量表的研究与发展》，《医学与哲学》2012年第33期。

杨宜音等：《性格与社会心理测量总览》，台湾：远流出版事业股份有限公司1997年版。

叶景阳等：《青少年生命意义问卷编制及状况研究》，《校园心理》2015年第12期。

袁晓淑：《论虐待动物入刑》，《山西青年职业学院学报》2018年第2期。

曾郁榆：《一般青少年与犯罪青少年生命态度、生命教育需求及其相关因素之研究》，硕士学位论文，国立高雄师范大学，2005年。

张蓓：《中学生个人生命意义问卷的修订及区域性高中生常模的建立》，硕士学位论文，沈阳师范大学，2011年。

张琴：《研究生生命意义感与生命教育的研究》，硕士学位论文，广西大学，2012年。

张姝玥等：《生命意义的内涵、测量及功能》，《心理科学进展》2010年第11期。

赵丹等：《应对方式在硕士研究生生活满意度与生命意义关系中的中介作用》，《中国健康心理学杂志》2014年第11期。

赵晴：《四川省医科大学生生命意义感与心理健康的现状研究》，硕士学位论文，四川师范大学，2008年。

郑朝武：《在校研究生生活目的与意义研究》，硕士学位论文，福建师范大学，2005年。

郑晓莹等：《"达"则兼济天下？社会比较对亲社会行为的影响及心理机制》，《心理学报》2015第2期。

只欣：《3—6岁幼儿生命态度的调查研究》，硕士学位论文，天津师范大学，2012年。

钟乃良：《高中新生生命意义感的现状及其影响因素》，《民族教育研究》2015年第3期。

钟毅平等：《自我—他人重叠对助人行为的影响：观点采择的调节作用》，《心理学报》2015 第 8 期。

周雪梅等：《老年人生命态度及其与抑郁和社会支持的关系》，《心理与行为研究》2013 年第 2 期。

朱莉：《大学生亲社会行为及不同情境下积极人格特质对其的影响》，硕士学位论文，河南大学，2011 年。

朱伊文：《国小高年级学生依附关系、人际关系与生命意义感相关的研究》，硕士学位论文，南华大学生死学研究所，2008 年。

诸晓：《中学生生命意义感的特点及其与生活事件、社会支持的关系研究》，硕士学位论文，南京师范大学，2012 年。

二 英文部分

Abeyta, A. A., Juhl, J. and Routledge, C., "Exploring the Effects of Self-esteem and Mortality Salience on Proximal and Distally Measured Death Anxiety: A Further Test of the Dual Process Model of Terror Management", *Motivation and Emotion*, Vol. 38, No. 4, 2014, pp. 523-528.

Anglin, D., Gabriel, K. and Kaslow, N., "Suicide Acceptability and Religious Well-being: A Comparative Analysis in African American Suicide Attempters and Non-attempters", *Journal of Psychology and Theology*, Vol. 33, No. 2, 2005, pp. 140-150.

Arbona, C. and Power, T. G., "Parental Attachment, Self-esteem, and Antisocial Behaviors Among African American, European American, and Mexican American Adolescents", *Journal of Counseling Psychology*, Vol. 50, No. 1, 2003, pp. 40-51.

Armsden, G. C., McCauley, E., Greenberg, M. T., Burke, P. M. and Mitchell, J. R., "Parent and Peer Attachment in Early Adolescent Depression", *Journal of Abnormal Child Psychology*, Vol. 18, No. 6, 1990, pp. 683-697.

Bai, Y., Maruskin, L. A., Chen, S., Gordon, A. M., Stellar, J. E., McNeil, G. D. and Keltner, D., "Awe, the Diminished Self, and Collective Engagement: Universals and Cultural Variations in the Small Self",

Journal of Personality and Social Psychology, Vol. 113, No. 2, 2017, pp. 185-209.

Bargh, J. A. , "What Have We Been Priming All These Years? on the Development, Mechanisms, and Ecology of Nonconscious Social behavior", *European Journal of Social Psychology*, Vol. 36, No. 2, 2006, pp. 147-168.

Batson, C. D. , "Influence of Self-reported Distress and Empathy on Egoistic Versus Altruistic Motivation to Help", *Journal of Personality and Social Psychology*, Vol. 45, No. 3, 1983, pp. 706-718.

Baumeister, R. , *Meanings of Life*, New York: Guilford Press, 1991.

Behrens, K. Y. , Haltigan, J. D. and Bahm, N. I. , " Infant Attachment, Adult Attachment, and Maternal Sensitivity: Revisiting the Intergenerational Transmission Gap", *Attachmend and Human Development*, Vol. 18, No. 4, 2016, pp. 337-353.

Bender, M. L. , "Suicide and Older African-American Women", *Mortality*, Vol. 5, No. 2, 2000, pp. 158-170.

Berman, A. L. and Schwartz, R. H. , "Suicide Attempts Among Adolescent Drug-users", *American Journal of Diseases of Children*, Vol. 144, No. 3, 1990, pp. 310-314.

Bhatia, S. K. and Bhatia, S. C. , "Childhood and Adolescent Depression", *American Family Physician*, Vol. 75, No. 1, 2007, pp. 73-80.

Bhattacharya, A. , "Meaning in Life: A Qualitative Inquiry into the Life of Young Adults", *Psychological Studies*, Vol. 56, No. 3, 2011, pp. 280-288.

Bifulco, A. , Schimmenti, A. , Moran, P. , Jacobs, C. , Bunn, A. and Rusu, A. "Problem Parental Care and Teenage Deliberate Self-harm in Young Community Adults", *Bulletin of the Menninger Clinic*, Vol. 78, No. 2, 2014, pp. 95-114.

Boer, D. and Fischer, R. , "How and When Do Personal Values Guide our Attitudes and Sociality? Explaining Cross-cultural Variability in Attitude-value Linkages", *Psychological Bulletin*, Vol. 139, No. 5, 2013, pp.

1113-1147.

Braunstein, J. W. , "An Investigation of Irrational Beliefs and Death Anxiety as a Function of HIV Status", *Journal of Rational-Emotive & Cognitive-Behavior Therapy*, Vol. 22, No. 1, 2004, pp. 21-38.

Bretherton, I. and Munholland, K. A. , "Internal Working Models in Attachment Relationships: A Construct Revisited ", In J. Cassidy & P. R. Shaver, eds. , *Handbook of attachment: Theory, Research, and Clinical Applications*, New York: The Guilford press, 1999, pp. 89-111.

Brickman, P. , Rabinowitz, V. C. , Karuza, J. , Coates, D. , Cohn, E. and Kidder, L. , "Models of Helping and Coping", *American Psychologist*, Vol. 37, No. 4, 1982, pp. 368-384.

Brooks, F. , Zaborskis, A. , Tabak, I. , Alcon, M. , Zemaitiene, N. , de Roos, S. and Klemera, E. , "Trends in Adolescents' Perceived Parental Communication Across 32 Countries in Europe and North America from 2002 to 2010", *European Journal of Public Health*, Vol. 25 (suppl 2), 2015, pp. 46-50.

Brunsø, K. , Scholderer, J. and Grunert, K. G. , "Closing the Gap Between Values and Behavior——a Means-end Theory of Lifestyle", *Journal of Business Research*, Vol. 57, No. 6, 2004, pp. 665-670.

Burton, M. , "Self-harm: Working with Vulnerable Adolescents ", *Practice Nursing*, Vol. 25, No. 5, 2014, pp. 245-251.

Buzzanga, V. L. , Miller, H. R. , Perne, S. E. , Sander, J. A. and Davis, S. F. , "The Relationship Between Death Anxiety and Level of Self-esteem: A Reassessment", *Bulletin of the Psychonomic Society*, Vol. 27, No. 6, 1989, pp. 570-572.

Carstensen, L. L. , Isaacowitz, D. M. and Charles, S. T. , "Taking Time Seriously: A Theory of Socioemotional Selectivity", *American Psychologist*, Vol. 54, No. 3, 1999, pp. 165-181.

Cava, M. , Buelga, S. and Musitu, G. , "Parental Communication and Life Satisfaction in Adolescence ", *The Spanish Journal of Psychology*, Vol. 17, 2014.

Chandy, J. M. , Blum, R. W. and Resnick, M. D. , "Gender-specific Outcomes for Sexually Abused Adolescents", *Child Abuse and Neglect*, Vol. 20, No. 12, 1996, pp. 1219-1231.

Chen, L. and Cheng, Y. , "Prevalence of School Bullying Among Secondary Students in Taiwan: Measurements with and Without a Specific Definition of Bullying", *School Psychology International*, Vol. 34, No. 6, 2013, pp. 707-720.

Choi, Y. , He, M. and Harachi, T. W. , "Intergenerational Cultural Dissonance, Parent - child Conflict and Bonding, and Youth Problem Behaviors Among Vietnamese and Cambodian Immigrant Families", *Journal of Youth and Adolescence*, Vol. 37, No. 1, 2008, pp. 85-96.

Chu, J. P. , Goldblum, P. , Floyd, R. and Bongar, B. , "The Cultural Theory and Model of Suicide", *Applied and Preventive Psychology*, Vol. 14, No. 1-4, 2010, pp. 25-40.

Claes, L. , Luyckx, K. , Baetens, I. , Ven, M. O. M. V. D. and Witteman, C. L. M. , "Bullying and Victimization, Depressive Mood, and Non-suicidal Self-injury in Adolescents: The Moderating Role of Parental Support", *Journal of Child and Family Studies*, Vol. 24, No. 11, 2015, pp. 3361-3371.

Clifford, G. J. , "Lady Teachers and Politics in the United States", *Teachers: The Culture and Politics of Work*, 2012, pp. 1850-1930.

Collett, L. J. and Lester, D. , "The Fear of Death and the Fear of Dying", *Journal of Psychology*, Vol. 72, No. 2, 1969, pp. 179-181.

Crumbaugh, J. C. and Maholick, L. T. , "An Experimental Study in Existentialism: The Psychometric Approach to Frankl's Concept of Noogenic Neurosis", *Journal of Clinical Psychology*, Vol. 20, 1996, pp. 200-207.

Danvers, A. F. and Shiota, M. N. , "Going off Script: Effects of Awe on Memory for Script-typical and-Irrelevant Narrative Detail", *Emotion*, Vol. 17, No. 6, 2017, pp. 938-952.

Davis, M. H. , Conklin, L. , Smith, A. and Luce, C. , "Effect of Perspective Taking on the Cognitive Representation of Persons: A Merging of

Self and Other", *Journal of Personality and Social Psychology*, Vol. 70, No. 4, 1996, pp. 713-726.

De Brito, S. A. , Mechelli, A. , Wilke, M. , Laurens, K. R. , Jones, A. P. , Barker, G. J. , Hodgins, S. and Viding, E. , "Size Matters: Increased Grey Matter in Boys with Conduct Problems and Callous-unemotional Traits", *Brain*, Vol. 132, No, 4, 2009, pp. 843-852.

Doyle, L. , Sheridan, A. and Treacy, M. , "Motivations for Adolescent Self - harm and the Implications for Mental Health Nurses", *Journal of Psychiatric and Mental Health Nursing*, Vol. 24, No. 2, 2017, pp. 134-142.

Doyle, L. , "Attitudes Toward Adolescent Self-harm and its Prevention: The Views of Those Who Self-harm and Their Peers", *Journal of Child and Adolescent Psychiatric Nursing*, Vol. 30, No. 3, 2017, pp. 142-148.

Evans, E. , Hawton, K. and Rodham, K. , "In What Ways Are Adolescents Who Engage in Self-harm or Experience Thoughts of Self-harm Different in Terms of Help - seeking, Communication and Coping Strategies?" *Journal of Adolescence*, Vol. 28, No. 4, 2005, pp. 573-587.

Eysenck, H. J. and Eysenck, S. B. G. , *Manual of the Eysenck Personality Scales*, London: Hodder & Stoughton, 1991.

Feifel, H. , "Psychology and Death: Meaningful Rediscovery", *American Psychologist*, Vol. 45, 1990, pp. 537-543.

FeldmanHall, O. , Dalgleish, T. , Evans, D. and Mobbs, D. , "Empathic Concern Drives Costly Altruism", *Neuroimage*, Vol. 105, 2015, pp. 347-356.

Feshbach, N. D. , "Parental Empathy and Child Adjustment/Maladjustment", In N. Eisenberg and J. Strayer, eds. , *Cambridge Studies in Social and Emotional Development*, *Empathy and its Development*, New York, US: Cambridge University Press, 1987. pp. 271-291.

Fischer, P. , Krueger, J. I. , Greitemeyer, T. , Vogrincic, C. , Kastenmuller, A. , Frey, D. , Heene, M. , Wicher, M. and Kainbacher, M. ,

"The Bystander-effect: A Meta-analytic Review on Bystander Intervention in Dangerous and Non-dangerous Emergencies", *Psychological Bulletin*, Vol. 137, No. 4, 2011, pp. 517-537.

Florian, V. and Snowden, L. R., "Fear of Personal Death and Positive Life Regard: A Study of Different Ethnic and Religious-affiliated American College Students", *Journal of Cross-Cultural Psychology*, Vol. 20, No. 1, 1989, pp. 64-79.

Ford, G. G., Ewing, J. J., Ford, A. M., Ferguson, N. and Sherman, W. Y., "Death Anxiety and Sexual Risk-taking: Different Manifestations of the Process of Defense", *Current Psychology*, Vol. 23, No. 2, 2004, pp. 147-160.

Frank, V. E., *Man's Search for Meaning: An Introduction to Logotherapy*, New York: Washington Square Press, 1963.

Frankl, V. E., *The Doctor and the Soul: From Psychotherapy to Logotherapy*, New York: Vintage Books, 1986.

Frazier, P. H. and Foss-Goodman, D., "Death Anxiety and Personality: Are They Truly Related?", *Omega*, Vol. 19, No. 3, 1988, pp. 265-274.

Galinsky, A. D., Gruenfeld, D. H. and Magee, J. C., "From Power to Action", *Journal of Personality and Social Psychology*, Vol. 85, No. 3, 2003, pp. 453-466.

Garandeau, C. F., Vartio, A., Poskiparta, E. and Salmivalli, C., "School Bullies' Intention to Change Behavior Following Teacher Interventions: Effects of Empathy Arousal, Condemning of Bullying, and Blaming of the Perpetrator", *Prevention Science*, Vol. 17, No. 8, 2016, pp. 1034-1043.

Garcia, S. M., Weaver, K., Moskowitz, G. B. and Darley, J. M., "Crowded Minds: The Implicit Bystander Effect", *Journal of Personality and Social Psychology*, Vol. 83, No. 4, 2002, pp. 843-853.

Garfield, A. M., Drwecki, B. B., Moore, C. F., Kortenkamp, K. V. and Gracz, M. D., "The Oneness Beliefs Scale: Connecting Spirituality with Pro-environmental Behavior: Oneness Beliefs and Pro-environmental Behavior", *Journal for the Scientific Study of Religion*, Vol. 53, No. 2, 2014, pp. 356-372.

Giancola, P. R., Mezzich, A. C. and Tarter, R. E., "Executive Cognitive Functioning, Temperament, and Antisocial Behavior in Conduct-Disordered Adolescent Females", *Journal of Abnormal Psychology*, Vol. 107, No. 4, 1998, pp. 629-641.

Glenn, A. L. Iyer R. and Graham J, etal., "Are All Types of Morality Compromised in Psychopathy?" *Journal of Personality Disorders*, Vol. 23, No. 4, 2009, pp. 384-398.

Gratz, K. L., "Risk Factors for and Functions of Deliberate Self-harm: An Empirical and Conceptual Review", *Clinical Psychology Scienced and Practice*, Vol. 10, No. 2, 2003, pp. 192-205.

Greitemeyer, T. and Rudolph, U., "Help Giving and Aggression from an Attributional Perspective: Why and When We Help or Retaliate", *Journal of Applied Social Psychology*, Vol. 33, No. 5, 2003, pp. 1069-1087.

Haidt, J. and Graham, J., "When Morality Opposes Justice: Conservatives Have Moral Intuitions That Liberals May Not Recognize", *Social Justice Research*, Vol. 20, No. 1, 2007, pp. 98-116.

Haines, J., Williams, C. L., Brain, K. L. and Wilson, G. V., "The Psychophysiology of Self-mutilation", *Journal of Abnormal Psychology*, Vol. 104, No. 3, 1995, pp. 471-489.

Hall, G. S., "A Study of Fears", *American Journal of Psychology*, Vol. 8, No. 2, 1897, pp. 147-249.

Harding, S. R., Flannelly, K. J., Weaver, A. J. and Costa, K. G., "The Influence of Religion on Death Anxiety and Death Acceptance", *Mental Health, Religion & Culture*, Vol. 8, No. 4, 2005, pp. 253-261.

Hawes, D. J. and Dadds, M. R., "The Treatment of Conduct Problems in Children with Callous-unemotional Traits", *Journal of Consulting and Clinical Psychology*, Vol. 73, No. 4, 2005, pp. 737-741.

Hayes, A. F., *Introduction to Mediation, Moderation, and Conditional*

Process Analysis: *A Regression-based Approach*, New York, NY: Guilford Press, 2013.

Hein, G., Morishima, Y., Leiberg, S., Sul, S. and Fehr, E., "The Brain's Functional Network Architecture Reveals Human Motives", *Science*, Vol. 351, No. 6277, 2016, pp. 1074–1078.

Henderson, S., Byrne, G., Duncan-Jones, P., Scott, R. and Adcock, S., "Social Relationships, Adversity and Neurosis: A Study of Associations in a General Population Sample", *The British Journal of Psychiatry*, Vol. 136, No. 6, 1980, pp. 574–583.

Herpertz, S., Sass, H. and Favazza, A., "Impulsivity in Self-mutilative Behavior: Psychometric and Biological Findings", *Journal of Psychiatric Research*, Vol. 31, No. 4, 1997, pp. 451–465.

Hgerty, B. M., Lynch-Sauer, J., Patusky, K. L. and Bouwsema, M., "An Emerging Theory of Human Relatedness", *Journal of Nursing Scholarship*, Vol. 25, No. 4, 1993, p. 291.

Hoffman, M. L., "Sex Differences in Empathy and Related Behaviors", *Psychological Bulletin*, Vol. 84, No. 4, 1977, pp. 712–722.

Infurna, M. R., Fuchs, A., Fischer, G., Reichl, C., Holz, B., Resch, F., Brunner, R. and Kaess, M., "Parents' Childhood Experiences of Bonding and Parental Psychopathology Predict Borderline Personality Disorder During Adolescence in Offspring", *Psychiatry Research*, Vol. 246, 2016, pp. 373–378.

Ishida, R. and Okada, M., "Effects of a Firm Purpose in Life on Anxiety and Sympathetic Nervous Activity Caused by Emotional Stress: Assessment by Psycho-physiological Method", *Stress & Health*, Vol. 22, No. 4, 2010, pp. 275–281.

Jacobson, S. W. and Frye, K. F., "Effect of Maternal Social Support on Attachment: Experimental Evidence", *Child Development*, Vol. 62, No. 3, 1991, pp. 572–582.

Jose, P. E., Ryan, N. and Pryor, J., "Does Social Connectedness Promote a Greater Sense of Well-being in Adolescence Over Time?" *Journal of Research on Adolescence*, Vol. 22, No. 2, 2012, pp. 235-251.

Karim, A. K. M. R. and Begum, T., "The Parental Bonding Instrument: A Psychometric Measure to Assess Parenting Practices in the Homes in Bangladesh", *Asian Journal of Psychiatry*, Vol. 25, 2017, pp. 231-239.

Kastenbaum, R. and Kastenbaum, B., *Encyclopedia of Death*, Arizora Phoenix: Oryx Press, 1989.

Keltner, D. and Haidt, J., "Social Functions of Emotions at Four Levels of Analysis", *Cognition & Emotion*, Vol. 13, No5, 1999, pp. 505-521.

Khalid, A., Qadir, F., Chan, S. W. Y. and Schwannauer, M., "Parental Bonding and Adolescents' Depressive and Anxious Symptoms in Pakistan", *Journal of Affective Disorders*, Vol. 228, 2018, pp. 60-67.

Klinger, E., *Meaning and Void: Inner Experience and the Incentives in People's Lives, Minneapolis:* University of Minnesota Press, 1977.

Klonsky, E. D. and May, A. M., "The Three-Step Theory (3ST): A New Theory of Suicide Rooted in the "Ideation-to-Action" Framework", *International Journal of Cognitive Therapy*, Vol. 8, No. 2, 2015, pp. 114-129.

Klonsky, E. D., May, A. M. and Saffer, B. Y., Suicide, Suicide Attempts, and Suicidal Ideation, *Annual Review of Clinical Psychology*, Vol. 12, No. 1, 2016, pp. 307-330.

Klonsky, E. D., Oltmanns, T. F. and Turkheimer, E., "Deliberate Self-harm in a Nonclinical Population: Prevalence and Psychological Correlates", *American Journal of Psychiatry*, Vol. 160, No. 8, 2003, pp. 1501-1508.

Klonsky, E. D., "The Functions of Deliberate Self-injury: A Review of the Evidence", *Clinical Psychology Review*, Vol. 27, No. 2, 2007, pp. 226-239.

Koleva, S. P., Graham, J., Iyer, R., Ditto, P. H. and Haidt, J., "Tracing the Threads: How Five Moral Concerns (especially purity) Help

Explain Culture War Attitudes", *Journal of Research in Personality*, Vol. 46, No. 2, pp. 184-194.

Korkmaz Aslan, G. , Kartal, A. , Özen Cinar, I. and Koştu, N. , "The Relationship Between Attitudes Toward Aging and Health-promoting Behaviours in Older Adults", *International Journal of Nursing Practice*, Vol. 23, No. 6, 2017.

Krause, N. and Bastida, E. , "Contact With the Dead, Religion, and Death Anxiety Among Older Mexican Americans", *Death Studies*, Vol. 36, No. 10, 2012, pp. 932-948.

Lester, D. and Ahmed, A. K. , "Religiosity and Death Anxiety Using Non-western Scales", *Psychological Reports*, Vol. 103, 2008, p. 652.

Lester, D. , "What Do Death Anxiety Scales Measure?" *Psychological Reports*, Vol. 101, No. 3, 2007, pp. 754-754.

Levin, K. A. , Dallago, L. and Currie, C. , "The Association Between Adolescent Life Satisfaction, Family Structure, Family Affluence and Gender Differences in Parent-Child Communication", *Social Indicators Research*, Vol. 106, No. 2, 2012, pp. 287-305.

Lewis, G. J. and Bates, T. C. , "From Left to Right: How the Personality System Allows Basic Traits to Influence Politics Via Characteristic Moral Adaptations", *British Journal of Psychology*, Vol. 102, No. 3, 2011, pp. 546-558.

Lundh, L. G. and Radon, V. , "Death Anxiety as a Function of Belief in an Afterlife. A Comparison Between a Questionnaire Measure and a Stroop Measure of Death Anxiety", *Personality & Individual Differences*, Vol. 25, No. 3, 1998, pp. 487-494.

Mackie, D. M. and Worth, L. T. , "Processing Deficits and the Mediation of Positive Affect in Persuasion", *Journal of Personality and Social Psychology*, Vol. 57, No. 1, 1989, pp. 27-40.

Maddi, S. R. , "Alfred Adler and the Fulfillment Model of Personality Theorizing", *Journal of Individual Psychology*, Vol. 26, No. 2, 1970, p. 153.

Malti, T. , Chaparro, M. P. , Zuffianò, A. and Colasante, T. ,

"School-based Interventions to Promote Empathy-Related Responding in Children and Adolescents: A Developmental Analysis", *Journal of Clinical Child & Adolescent Psychology*, Vol. 45, No. 6, 2016, pp. 718-731.

Mcdougall, W., "An Introduction to Social Psychology", *Simulation Conference Proceedings*, Vol. 27, 1989, pp. 201-204.

Meier, A. and Edwards, H., "Purpose-in-Life Test: Age and Sex Differences", *Journal of Clinical Psychology*, Vol. 30, No. 3, 1974, pp. 384-386.

Miller, H. R., Davis, S. F. and Hayes, K. M., "Examining Relations Between Interpersonal Flexibility, Self-esteem, and Death Anxiety", *Bulletin of the Psychonomic Society*, Vol. 31, No. 5, 1993, pp. 449-450.

Moreira, H., Fonseca, A. and Canavarro, M., "Assessing Attachment to Parents and Peers in Middle Childhood: Psychometric Studies of the Portuguese Version of the People in My Life Questionnaire", *Journal of Child and Family Studies*, Vol. 26, No. 5, 2017, pp. 1318-1333.

Muehlenkamp, J. J., Claes, L., Havertape, L. and Plener, P. L., "International Prevalence of Adolescent Non-suicidal Self-injury and Deliberate Self-harm", *Child and Adolescent Psychiatry and Mental Health*, Vol. 6, No. 1, 2012, p. 10.

Muller, D., Judd, C. M. and Yzerbyt, V. Y., "When Moderation is Mediated and Mediation is Moderated", *Journal of Personality and Social Psychology*, Vol. 89, No. 6, 2005, pp. 852-863.

Neimeyer, R. A. and Chapman, K. M., "Self Ideal Discrepancy and Fear of Death: The Test of an Existential Hypothesis", *OMEGA-Journal of Death and Dying*, Vol. 11, 1980, pp. 233-240.

Neimeyer, R. A. and Moore, M. K., "Validity and Reliability of the Multidimensional Fear of Death Scale", In R. A. Neimeyer, ed., *Series in Death Education, Aging, and Health Care. Death Anxiety Handbook: Research, Instrumentation, and Application*, Philadelphia, PA, Taylor & Francis, 1994, pp. 103-119.

Oldershaw, A., Richards, C., Simic, M. and Schmidt, U., "Parents' Perspectives on Adolescent Self-harm: Qualitative Study", *The British Journal of Psychiatry*, Vol. 193, No. 2, 2008, pp. 140-144.

Osborne, K. and Patel, K., "Evaluation of a Website that Promotes Social Connectedness: Lessons for Equitable E-health Promotion", *Australian Journal of Primary Health*, Vol. 19, No. 4, 2013, pp. 325-330.

Park, C. L. and Folkman, S., "Meaning in the Context of Stress and Coping", *Review of General Psychology*, Vol. 1, No. 2, 1997, pp. 115-144.

Piff, P. K., Dietze, P., Feinberg, M., Stancato, D. M. and Keltner, D., "Awe, the Small Self, and Prosocial Behavior", *Journal of Personality and Social Psychology*, Vol. 108, No. 6, 2015, pp. 883-899.

Polanco-Roman, L., Tsypes, A., Soffer, A. and Miranda, R., "Ethnic Differences in Prevalence and Correlates of Self-harm Behaviors in a Treatment-Seeking Sample of Emerging Adults", *Psychiatry Research*, Vol. 220, No. 3, 2014, pp. 927-934.

Prade, C. and Saroglou, V., "Awe's Effects on Generosity and Helping", *The Journal of Positive Psychology*, Vol. 11, No. 5, 2016, p. 522.

Pyszczynski, T., Greenberg, J. and Solomon, S., "A Dual-Process Model of Defense Against Conscious and Unconscious Death Related Thoughts: An Extension of Terror Management Theory", *Psychological Review*, Vol. 106, 1999, pp. 835-845.

Reker, G. T. and Chamberlain, K., *Exploring Existential Meaning: Optimizing Human Development Across the Life Span*, Thousand Oaks: SAGE Publications, 2012.

Reker, G. T., "The Purpose-in-Life Test in an Inmate Population: An Empirical Investigation", *Journal of Clinical Psychology*, Vol. 33, No. 3, 1977, pp. 688-693.

Richardson-Vejlgaard, R., Sher, L., Oquendo, M. A., Lizardi, D. and Stanley, B., "Moral Objections to Suicide and Suicidal Ideation Among Mood Disordered Whites, Blacks, and Hispanics", *Journal of Psychiatric Research*, Vol. 43, No. 4, 2009, pp. 360-365.

Roff, L. L. , Simon, C. , Klemmack, D. and Butkeviciene, R. , "Levels of Death Anxiety: A Comparison of American and Lithuanian Health and Social Service Personnel", *Death Studies*, Vol. 30, No. 7, 2006, pp. 665-675.

Rothon, C. , Goodwin, L. and Stansfeld, S. , " Family Social Support, Community ' Social Capital ' and Adolescents' Mental Health and Educational Outcomes: a Longitudinal Study in England. ", *Social Psychiatry and Psychiatric Epidemiology*, Vol. 47, No. 5, 2012, pp. 697-709.

Routledge, C. , "Failure Causes Fear: The Effect of Self-esteem Threat on Death - Anxiety", *The Journal of Social Psychology*, Vol. 152, No. 6, 2012, pp. 665-669.

Rushton, J. P. , Chrisjohn, R. D. and Fekken, G. C. , "The Altruistic Personality and the Self-report Altruism Scale", *Personality and Individual Differences*, Vol. 2, No. 4, 1981, pp. 293-302.

Russac, R. J. , Gatliff, C, Reece, M. and Spottswood, D. , " Death Anxiety Across the Adult Years: An Examination of Age and Gender Effects", *Death Studies*, Vol. 31, No. 6, 2007, pp. 549-561.

Sahin, M. , " An Investigation Into the Efficiency of Empathy Training Program on Preventing Bullying in Primary Schools", *Children and Youth Services Review*, Vol. 34, No. 7, 2012, pp. 1325-1330.

Sanders, M. and Hall, S. , "Trauma-Informed Care in the Newborn Intensive Care Unit: Promoting Safety, Security and Connectedness" , *Journal of Perinatology*, Vol. 38, No. 1, 2018, pp. 3-10.

Santos, P. I. , Figueiredo, E. , Gomes, I. and Sequeiros, J. , "Death Anxiety and Aymbolic Immortality in Relatives at Risk for Familial Amyloid Polyneuropathy TypeI (FAP I, ATTR V30M) ", *Journal Genetic Counseling*, Vol. 19, 2010, pp. 585-592.

Saroglou, V. , Buxant, C. and Tilquin, J. , " Positive Emotions as Leading to Religion and Spirituality", *The Journal of Positive Psychology* , Vol. 3, No. 3, 2008, pp. 165-173.

Schmitt, D. P. , " Evolutionary Perspectives on Romantic Attachment and Culture: How Ecological Stressors Influence Dismissing Orientations Across Genders and Geographies", *Cross - Cultural Research*, Vol. 42, No. 3, 2008, pp. 220-247.

Schwartz, S. H., "Universals in the Content and Structure of Values: Theoretical Advances and Empirical Tests in 20 Countries", In M. P. Zanna, M. P. Zanna, eds., *Advances in Experimental Social Psychology*, San Diego, CA, US: Academic Press, 1992.

Schweitzer, A., *The Spiritual Life*. Boston: The Beacon Press, 1947.

Shiota, M. N., Keltner, D. and John, O. P., "Positive Emotion Dispositions Differentially Associated with Big Five Personality and Attachment style", *The Journal of Positive Psychology*, Vol. 1, No. 2, 2006, pp. 61-71.

Shiota, M. N., Keltner, D. and Mossman, A., "The Nature of Awe: Elicitors, Appraisals, and Effects on Self-concept", *Cognition & Emotion*, Vol. 21, No. 5, 2007, pp. 944-963.

Singer, T., "The Neuronal Basis and Ontogeny of Empathy and Mind Reading: Review of Literature and Implications for Future Research", *Neuroscience and Biobehavioral Reviews*, Vol. 30, No. 6, 2006, pp. 855-863.

Sinoff, G., Iosipovici, A., Almog, R. and Barnett - Greens, O., "Children of the Elderly are Inapt in Assessing Death Anxiety in Their Own Parents", *International Journal of Geriatric Psychiatry*, Vol. 23, 2008, pp. 1207-1208.

Steger, M. F., Frazier, P., Oishi, S. and Kaler, M., "The Meaning in Life Questionnaire: Assessing the Presence of and Search for Meaning in Life", *Journal of Counseling Psychology*, Vol. 53, No. 1, 2006, pp. 80-93.

Stellar, J. E., Gordon, A., Anderson, C. L., Piff, P. K., McNeil, G. D. and Keltner, D., "Awe and Humility", *Journal of Personality and Social Psychology*, Vol. 114, No. 2, 2018, pp. 258-269.

Stellar, J. E., Gordon, A. M., Piff, P. K., Cordaro, D., Anderson, C. L., Bai, Y., Maruskin, L. A. and Keltner, D., "Self-transcendent Emotions and Their Social Functions: Compassion, Gratitude, and Awe Bind Us to Others Through Prosociality", *Emotion Review*, Vol. 9, No. 3, 2017, pp. 200-207.

Stänicke, L. I., Hanne, H. H. and Gullestad, S. E., "How Do Young People Understand Their Own Self-harm? a Meta-synthesis of Adolescents' Subjective Experience of Self-harm", *Adolescent Research Review*, No. 1, 2018, pp. 1-19.

Swahn, M., Ali, B., Bossarte, R., Van Dulmen, M., Crosby, A., Jones, A. and Schinka, K., "Self-harm and Suicide Attempts Among High - risk, Urban Youth in the U. S.: Shared and Unique Risk and Protective Factors", *International Journal of Environmental Research and Public Health*, Vol. 9, No. 1, 2012, pp. 178-191.

Swannell, S. V., Martin, G. E., Page, A., Hasking, P. and St John, N. J., "Prevalence of Nonsuicidal Self-injury in Nonclinical Samples: Systematic Review, Meta-analysis and meta-regression", *Suicide and Life-Threatening Behavior*, Vol. 44, No. 3, 2014, pp. 273-303.

Takai, N., "Developmental Process of the Attitude Toward Life: From the Viewpoint of Interpersonal Relationships", *Japanese Journal of Educational Psychology*, Vol. 47, No. 3, 1999, pp. 317-327.

Taliaferro, L. A., Muehlenkamp, J. J., Borowsky, I. W., McMorris, B. J. and Kugler, K. C., "Factors Distinguishing Youth Who Report Self-injurious Behavior: a Population-Based sample", *Academic Pediatrics*, Vol. 12, No. 3, 2012, pp. 205-213.

Tang, C. S. K., Wu, A. M. S. and Yan, E. C. W., "Psychosocial Correlates of Death Anxiety Among Chinese College Students", *Death Studies*, Vol. 26, 2002, pp. 491-499.

Telle, N. and Pfister, H., "Not Only the Miserable Receive Help: Empathy Promotes Prosocial Behaviour Toward the Happy", *Current Psychology*, Vol. 31, No. 4, 2012, pp. 393-413.

Templer, D. I., Awadalla, A., Ghenaim, AL-Fayze., Frazee, J., Bassman, L., Connelly, H. J., Arikawa, H. and Ahmed, M. A. K.,

"Construction of a Death Anxiety Scale - Extended", *OMEGA - Journal of Death and Dying*, Vol. 53, No. 3, 2006, pp. 209-226.

Thompson, K. L. and Gullone, E., "Prosocial and Antisocial Behaviors in Adolescents: An Investigation into Associations with Attachment and Empathy", *Anthrozoös*, Vol. 21, No. 2, 2008, pp. 123-137.

Tomer, A., "Death Anxiety in Adult Life-Theoretical Perspective", *Death Studies*, Vol. 16, No. 6, 1992, pp. 475-506.

Turner, J. C., Hogg, M. A., Oakes, P. J., Reicher, S. D. and Wetherell, M. S., *Rediscovering the Social Group: A Self-categorization Theory*, Cambridge, MA, US: Basil Blackwell, 1987.

Twenge, J. M., Baumeister, R. F., DeWall, C. N., Ciarocco, N. J. and Bartels, J. M., "Social Exclusion Decreases Prosocial Behavior", *Journal of Personality and Social Psychology*, Vol. 92, No. 1, 2007, pp. 56-66.

Van Cappellen, P. and Saroglou, V., "Awe Activates Religious and Spiritual Feelings and Behavioral Intentions", *Psychology of Religion and Spirituality*, Vol. 4, No. 3, 2012, pp. 223-236.

Van Tongeren, D. R., Green, J. D., Davis, D. E., Hook, J. N. and Hulsey, T. L., "Prosociality Enhances Meaning in Life", *The Journal of Positive Psychology*, Vol. 11, No. 3, 2016, pp. 225-236.

Verplanken, B. and Holland, R. W., "Motivated Decision Making: Effects of Activation and Self-centrality of Values on Choices and Behavior", *Journal of Personality and Social Psychology*, Vol. 82, No. 3, 2002, pp. 434-447.

Vohs, K. D. and Schmeichel, B. J., "Self-regulation and the Extended now: Controlling the Self Alters The Subjective Experience of Time", *Journal of Personality and Social Psychology*, Vol. 85, No. 2, 2003, pp. 217-230.

Widom, C. S. "Avoidance of Criminality in Abused and Neglected Children", *Psychiatry*, Vol. 54, No. 2, 1991, p. 162.

Wilson, E. O., *Biophilia*. Cambridge, MA: Harvard University Press, 1984.

Wink, P. , "Who is Afraid of Death? Religiousness, Spirituality, and Death Anxiety in Late Adulthood", *Journal of Religion*, *Spirituality & Aging*, Vol. 18, 2006, pp. 93-110.

Wohl, M. J. A. and Branscombe, N. R. , "Forgiveness and Collective Guilt Assignment to Historical Perpetrator Groups Depend on Level of Social Category Inclusiveness", *Journal of Personality and Social Psychology*, Vol. 88, No. 2, 2005, pp. 288-303.

Wong, P. T, Fry, P. S. eds. , *The Human Quest for Meaning: A Handbook of Psychological Research and Clinical Applications*, Mahwah, NJ: Lawrence Erlbaum, 1998.

Wong, P. T. P. , "Meaning-Centered Counseling", in P. T. P. Wong P. S. Fry, eds. , *The Human Quest for Neaning: A Handbook of Psychological Research and Clinical Application*, Mahwah, NJ: Erlbaum, 1998, pp. 395-435.

Yaden, D. B. , Haidt, J. , Hood Jr. R. W. , Vago, D. R. and Newberg, A. B. , "The Varieties of Self-transcendent Experience", *Review of General Psychology*, Vol. 21, No. 2, 2017, pp. 143-160.

Yang, X. and Feldman, M. , "A Reversed Gender Pattern? a Meta-analysis of Gender Differences in the Prevalence of Non-suicidal Self-injurious Behavior Among Chinese Adolescents", *BMC Public Health*, Vol. 18, No. 1, 2017, pp. 1-7.

Zerbe, W. J. and Paulhus, D. L. , "Socially Desirable Responding in Organizational Behavior: A Reconception", *The Academy of Management Review*, Vol. 12, No. 2, 1987, pp. 250-264.

附　　录

1. 生命道德感问卷

生命道德感问卷	对于下面的问题，请你根据实际情况，在右面合适的数字上打"√"。	完全不同意	基本不同意	有点不同意	不确定	有点同意	比较同意	完全同意
1	每个生命都无法被替代。	1	2	3	4	5	6	7
2	如果发生类似 2008 年雪灾、5·12 汶川大地震等重大自然灾害时，我会尽自己所能去帮助受害者。	1	2	3	4	5	6	7
3	保护动植物是我们每个人都应该做的。	1	2	3	4	5	6	7
4	结束自己或其他生命是一种极端残忍的行为。	1	2	3	4	5	6	7
5	无论遇到多大的困难，我在以后的生活中都能做到珍惜自己的生命。	1	2	3	4	5	6	7
6	某市医院发生产妇因疼痛难忍等原因，导致情绪失控跳楼坠亡事件，我为两条鲜活生命的逝去感到沉痛和惋惜。	1	2	3	4	5	6	7
7	当我发现着火了，我会帮忙通知大家，并力所能及地去疏散人群。	1	2	3	4	5	6	7
8	任何生命来之不易，每个人都应心怀敬畏，好好珍惜。	1	2	3	4	5	6	7

2. 生命意义感问卷

生命意义感问卷	下面每一项，请根据你的实际情况进行评价。"完全不符合"1，"完全符合"7，其他数字介于1和7之间，表示不同的符合程度。请您分别在最符合您的情况处画"√"。	完全不符合	基本不符合	有点不符合	不确定	有点符合	比较符合	完全符合
1	我正在寻觅我人生的一个目的或使命。	1	2	3	4	5	6	7
2	我的生活没有明确的目的。	1	2	3	4	5	6	7
3	我正在寻找自己生活的意义。	1	2	3	4	5	6	7
4	我明白自己生活的意义。	1	2	3	4	5	6	7
5	我正在寻觅让我感觉自己生活饶有意义的东西。	1	2	3	4	5	6	7
6	我总在尝试找寻自己生活的目的。	1	2	3	4	5	6	7
7	我的生活有一个清晰的方向。	1	2	3	4	5	6	7
8	我知道什么东西能使自己的生活有意义。	1	2	3	4	5	6	7
9	我已经发现一个让自己满意的生活目的。	1	2	3	4	5	6	7

3. 患者健康问卷

患者健康问卷	请根据您的实际情况，选择在过去两周内，以下情况发生的频率。	完全没有	有些时候	超过一半以上的时间	几乎每天
1	没有兴趣做事或者做事情感到不乐趣。	0	1	2	3
2	感到情绪低落、沮丧或生活没有希望。	0	1	2	3
3	难以入睡或易醒或者睡得过多。	0	1	2	3
4	感到疲惫或者没有精力。	0	1	2	3
5	胃口差或吃得过多。	0	1	2	3
6	觉得自己很差，或者是个失败者，或让自己和家人失望。	0	1	2	3
7	很难集中精神做事，如看报纸或者看电视。	0	1	2	3
8	别人注意到你的动作或者说话很缓慢，或者你变得比平日更心情烦躁、坐立不安、多动。	0	1	2	3
9	有过或者不如死了好或以某种方式伤害自己的想法。	0	1	2	3

4. 一般社会赞许问卷

一般社会赞许问卷	对于下面的问题，请你根据实际情况，在右面合适的数字上打"√"。	非常不符合	有些不符合	不确定	比较符合	非常符合
1	偶尔我会想到一些坏得说不出口的事。	1	2	3	4	5
2	有时我真想骂人。	1	2	3	4	5
3	我很难抛开烦扰人的想法。	1	2	3	4	5
4	我自己时常弄不清为什么会这样爱生气和发牢骚。	1	2	3	4	5
5	我经常感到没人需要我。	1	2	3	4	5
6	有时我觉得我真是毫无用处。	1	2	3	4	5
7	当我正在做一件重要事情的时候，如果有人向我请教或打扰我，我会不耐烦的。	1	2	3	4	5
8	我是一个完全理智的人。	1	2	3	4	5
9	我有过利用别人的时候。	1	2	3	4	5
10	我不容易疲倦。	1	2	3	4	5
11	我对自己的判断非常自信。	1	2	3	4	5
12	我总是有言必行。	1	2	3	4	5
13	对于自己为什么要做某些事情，我并不总是十分明白。	1	2	3	4	5
14	我从不咒骂别人。	1	2	3	4	5
15	我有时想以牙还牙，不想原谅或忘记发生了的事。	1	2	3	4	5
16	我曾在背后说过朋友的坏话。	1	2	3	4	5
17	偶尔我听了下流的笑话也会发笑。	1	2	3	4	5
18	小的时候，我有时偷东西。	1	2	3	4	5
19	我发现我很难把注意力集中到一件工作上。	1	2	3	4	5
20	我很容易感到不知所措。	1	2	3	4	5
21	我牢牢地把握着自己命运。	1	2	3	4	5
22	我做过一些谁也不知道的坏事。	1	2	3	4	5
23	我从来不拿不属于自己的东西。	1	2	3	4	5
24	我从来没有特别讨厌谁。	1	2	3	4	5

5. 积极情感特质量表

积极情感特质	用下面显示的七点量表，请根据情况在描述你的每一条陈述，请在陈述的右边方框里写下你所赞同的点级级别。	完完全不同意	基本不同意	有点不同意	不确定	有点同意	比较同意	完全同意
1	我时常充满敬畏。	1	2	3	4	5	6	7
2	我感受到周围的美好。	1	2	3	4	5	6	7
3	我感觉几乎每天都充满奇迹。	1	2	3	4	5	6	7
4	我经常观察我身边物体的图案。	1	2	3	4	5	6	7
5	我有很多机会观赏大自然的美好。	1	2	3	4	5	6	7
6	我渴望那些可以挑战我对世界认知的经历。	1	2	3	4	5	6	7
7	一般来说，其他人是值得信任的。	1	2	3	4	5	6	7
8	我很容易和别人产生亲密感。	1	2	3	4	5	6	7
9	我很容易相信别人。	1	2	3	4	5	6	7
10	在我需要帮助的时候，我可以依靠别人。	1	2	3	4	5	6	7
11	大家总是会体谅我的需要和感受。	1	2	3	4	5	6	7
12	我爱很多人。	1	2	3	4	5	6	7
13	照顾那些受伤之人是件重要的事情。	1	2	3	4	5	6	7
14	当我看到有人受伤或需要帮助，我有一种强烈的渴望要去照顾他们。	1	2	3	4	5	6	7
15	照顾别人能给我带来温暖。	1	2	3	4	5	6	7
16	我经常关注那些需要帮助的人。	1	2	3	4	5	6	7
17	我富有同情心。	1	2	3	4	5	6	7

6. 攻击行为问卷

攻击行为问卷	用下面显示的五点量表，请根据情况在描述你的每一条陈述，请在陈述的右边方框里写下你所赞同的点级级别。	很不符合	不太符合	不确定	比较符合	完全符合
1	我的一些朋友认为我是一个脾气暴躁的人。	1	2	3	4	5
2	我会在必要的时候采取武力保护自己的权利。	1	2	3	4	5

续表

攻击行为问卷	用下面显示的五点量表，请根据情况在描述你的每一条陈述，请在陈述的右边方框里写下你所赞同的点级级别。	很不符合	不太符合	不确定	比较符合	完全符合
3	当人们对我特别好时，我会怀疑他们的真正目的。	1	2	3	4	5
4	当我和朋友们的意见不和时，我会公开告诉他们。	1	2	3	4	5
5	我曾经气得发疯以至于砸烂了许多东西。	1	2	3	4	5
6	当人们与我意见不和时，我会忍不住与他们争论。	1	2	3	4	5
7	不知道为什么有时我会对一些事情感到如此痛苦。	1	2	3	4	5
8	偶尔我会产生难以控制的想要揍某一个人的冲动。	1	2	3	4	5
9	我是一个性情平和的人。	1	2	3	4	5
10	对那些过度友善的陌生人，我会心存怀疑。	1	2	3	4	5
11	我曾威胁过我认识的人。	1	2	3	4	5
12	我非常容易发火但也很容易平静下来。	1	2	3	4	5
13	如果受到足够的刺激，我可能会揍另一个人来出气。	1	2	3	4	5
14	当人们令我烦恼时，我会告诉他们我对他们的想法。	1	2	3	4	5
15	我有时会陷入嫉妒之中。	1	2	3	4	5
16	我永远也想不出一个好的打人的理由。	1	2	3	4	5
17	有时候我觉得在生活中受到了不公平的待遇。	1	2	3	4	5
18	我难以控制自己的脾气。	1	2	3	4	5
19	当我受到挫折时，我会让自己的愤怒表现出来。	1	2	3	4	5
20	有时，我感到人们在背后笑话我。	1	2	3	4	5
21	我经常发现自己和人们意见不和。	1	2	3	4	5
22	如果有人打我，我会回击。	1	2	3	4	5
23	有时，我感觉自己像一个随时要爆炸的火药筒一样。	1	2	3	4	5

攻击行为问卷	用下面显示的五点量表，请根据情况在描述你的每一条陈述，请在陈述的右边方框里写下你所赞同的点级级别。	很不符合	不太符合	不确定	比较符合	完全符合
24	别人似乎总能交好运。	1	2	3	4	5
25	如果有人很用力推我，我们就会打起来。	1	2	3	4	5
26	我知道"朋友们"会在我背后议论我。	1	2	3	4	5
27	朋友们说我有点儿好与人争辩。	1	2	3	4	5
28	有时我会无缘无故地发火。	1	2	3	4	5
29	我比一般人更容易与人打架。	1	2	3	4	5

7. 动物虐待问卷

动物虐待问卷	请您看清下面的每一道题目后，每个题目答案均有 1、2、3、4、5 五个等级，选择一个最能反映您真实情况的答案。	从不	几乎不	有时	经常	总是
1	你曾经恼怒过你家饲养的动物或其他动物吗？	1	2	3	4	5
2	你有伤害过动物吗？（比如：踢，拽尾巴，拽毛）	1	2	3	4	5
3	你有折磨过动物，比如不让他们睡觉，拿走他们正在吃的食物？	1	2	3	4	5
4	你有曾经在对动物很残忍的时候，看到它们受折磨很开心吗？	1	2	3	4	5
5	你曾经用你的手，棍子或腰带揍过动物吗？	1	2	3	4	5

8. 一般利他行为问卷

一般利他行为问卷	用下面显示的五点量表，请根据情况在描述你的每一条陈述，请在陈述的右边方框里写下你所赞同的点级级别。	从来没有	只有一次	多于一次	经常如此	总是这样
1	我曾帮助认识的人搬家。	1	2	3	4	5
2	我曾为他人指路。	1	2	3	4	5

续表

一般利他行为问卷	用下面显示的五点量表，请根据情况在描述你的每一条陈述，请在陈述的右边方框里写下你所赞同的点级级别。	从来没有	只有一次	多于一次	经常如此	总是这样
3	我曾帮别人换过零钱。	1	2	3	4	5
4	我曾为慈善机构、受灾地区捐款。	1	2	3	4	5
5	我曾给过需要帮助或向我乞讨的人钱。	1	2	3	4	5
6	我曾将自己的衣物捐给慈善机构。	1	2	3	4	5
7	我曾做过志愿者。	1	2	3	4	5
8	我曾献过血。	1	2	3	4	5
9	我曾帮助他人搬东西（书、包裹等）。	1	2	3	4	5
10	我曾为赶电梯的人留住电梯的门。	1	2	3	4	5
11	排队时我曾给他人让过位（如超市结账，复印时等）。	1	2	3	4	5
12	我曾让他人搭过我的顺风车（如打车带上顺路的人等）。	1	2	3	4	5
13	当别人少收我的钱时，我曾指出过（如超市，银行等）。	1	2	3	4	5
14	我曾将一些贵重的物品（如电子产品等）借给不太熟悉的人。	1	2	3	4	5
15	我曾特意买过对慈善事业有帮助的物品，因为我知道，这是一件善事（如买能为希望工程捐一分钱的笔等）。	1	2	3	4	5
16	我曾为学习不如自己的同学讲解习题作业，即使我们彼此并不熟悉。	1	2	3	4	5
17	我曾主动地义务帮助他人照顾小孩或宠物。	1	2	3	4	5
18	我曾帮助残疾人或老年人过马路。	1	2	3	4	5
19	我曾在公交车或火车上，将自己的座位让给站着的人。	1	2	3	4	5
20	我帮陌生人推过车。	1	2	3	4	5

9. 紧急助人问卷

紧急助人问卷	用下面显示的七点量表，请选择一个最能反映您真实情况的答案。	完完全不愿意	很不愿意	有点不愿意	不确定	一般愿意	很愿意	完全愿意
1	有一个人在被人拳打脚踢，伤得很严重，此时，你正从旁经过。你愿意帮助这个受伤的人吗？	1	2	3	4	5	6	7
2	一个人晕倒在路边并失去知觉，此时，你正从旁经过。你愿意帮助这个晕倒的人吗？	1	2	3	4	5	6	7
3	一个人不慎失足溺水，此时，你从旁经过，正好你游泳技术不错，你愿意帮助这个溺水的人吗？	1	2	3	4	5	6	7
4	一个人在街上惊慌失措地跑，不断地哭着喊救命，此时，你正从旁经过。你愿意帮助这个惊慌的人吗？	1	2	3	4	5	6	7
5	有一个人突发车祸，血流不止，此时，你正从旁经过。你愿意帮助这个遭遇车祸的人吗？	1	2	3	4	5	6	7

10. 联结感问卷

下图为 7 对重叠程度不同的圆圈，一个代表自己，另一个代表你父母，交叉部分代表的是自我和他人重叠的程度，请在下面的图形中选择最符合您心目中和父母关系的图形（请在相应的选项上打"√"）。

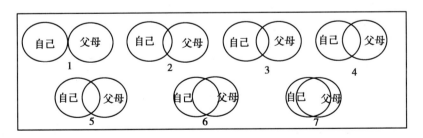

下图为 7 对重叠程度不同的圆圈，一个代表自己，另一个代表你身边的一个比较重要的熟人（朋友），交叉部分代表的是自我和他人重叠的程度，请在下面的图形中选择最符合您心目中与这个人关系的图形（请在相应的选项上打"√"）。

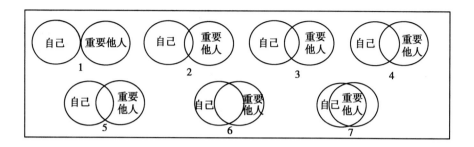

11. 自我伤害行为问卷

自我伤害行为问卷	你曾经在没有自杀动机的情况下，故意地（而非意外/偶然）做出过下列行为吗？填写方法根据"您过去生活中曾发生的行为"的描述，接着填写这一行为对您身体的伤害程度（无、轻度、中度、重度、极重度）。其中，"无"代表对皮肤没有任何损伤，"极重度"是指对身体的伤害程度需要住院治疗。请您在相应格子中打"√"。	对身体的伤害程度				
		无	轻度	中度	重度	极重度
1	故意用玻璃、小刀等划伤自己的皮肤。	1	2	3	4	5
2	故意戳开伤口，防止伤口愈合。	1	2	3	4	5
3	故意用烟头、打火机或其他东西烧/烫伤自己的皮肤。	1	2	3	4	5
4	故意在身上刺字或图案等（纹身为目的除外）。	1	2	3	4	5
5	故意把自己的皮肤刮出血。	1	2	3	4	5
6	故意把东西刺入皮肤或插进指甲下。	1	2	3	4	5
7	故意用头撞击某物，以致出现瘀伤。	1	2	3	4	5
8	故意拔自己的头发。	1	2	3	4	5
9	故意用手打墙或玻璃等较硬的东西。	1	2	3	4	5
10	故意猛烈的乱抓自己，达到了有伤痕或流血的程度。	1	2	3	4	5
11	故意用针、钉子或其他东西把身体某一部分扎出血。	1	2	3	4	5
12	故意把皮肤擦出血。	1	2	3	4	5
13	故意捶打自己以致出现瘀伤。	1	2	3	4	5
14	故意用绳子或其他东西勒自己的手腕等部位。	1	2	3	4	5

自我 伤害 行为 问卷	你曾经在没有自杀动机的情况下，故意地（而非意外/偶然）做出过下列行为吗？填写方法根据"您过去生活中曾发生的行为"的描述，接着填写这一行为对您身体的伤害程度（无、轻度、中度、重度、极重度）。其中，"无"代表对皮肤没有任何损伤，"极重度"是指对身体的伤害程度需要住院治疗。请您在相应格子中打"√"。	对身体的伤害程度				
		无	轻度	中度	重度	极重度
15	故意让他人打自己或者咬自己，以此伤害自己的身体。	1	2	3	4	5
16	故意在没有生命危险的情况下让自己触电。	1	2	3	4	5
17	故意咬自己以致皮肤破损。	1	2	3	4	5
18	故意在手里点火或触碰火焰。	1	2	3	4	5

12. 共情问卷

共情 问卷	对于下面的问题，请您根据实际情况，在右面合适的数字上打"√"。	不 恰 当	有一 点恰 当	还算 恰当	恰当	很 恰 当
1	对那些比我不幸的人，我经常有心软和关怀的感觉。	1	2	3	4	5
2	有时候当其他人有困难或问题时，我并不为他们感到很难过。	1	2	3	4	5
3	我的确会投入小说人物的感情世界中。	1	2	3	4	5
4	在紧急状况中，我感到担忧、害怕而难以平静。	1	2	3	4	5
5	看电影或看戏时，我通常是以旁观者的角度看的，而且不会经常让自己沉浸在角色中。	1	2	3	4	5
6	在做决定前，我试着从讨论中去看每个人的立场。	1	2	3	4	5
7	当我看到有人被别人利用时，我有点想要保护他们。	1	2	3	4	5
8	当我处在一个情绪非常激动的情况中时，我往往会感到无依无靠，不知如何是好。	1	2	3	4	5
9	有时候我想从我朋友看待事情的观点中，来了解我的朋友们。	1	2	3	4	5

续表

共情问卷	对于下面的问题，请您根据实际情况，在右面合适的数字上打"√"。	不恰当	有一点恰当	还算恰当	恰当	很恰当
10	对我来说，全心地投入一本好书或一部好电影中，是很少有的事。	1	2	3	4	5
11	其他人的不幸通常不会带给我很大的烦忧。	1	2	3	4	5
12	看完戏或电影后，我会觉得自己好像是剧中的某一个角色。	1	2	3	4	5
13	处在紧张情绪的状况中，我会惊慌害怕。	1	2	3	4	5
14	当我看到有人受到不公平的对待时，我有时并不感到非常同情他们。	1	2	3	4	5
15	我相信每个问题都有两面观点，所以我常试着从不同的观点来看问题。	1	2	3	4	5
16	我认为自己是一个相当软心肠的人。	1	2	3	4	5
17	当我观赏一部好电影时，我很容易站在某个主角的立场去感受他的心情。	1	2	3	4	5
18	当在紧急状况中，我紧张得几乎无法控制自己。	1	2	3	4	5
19	当我对一个人生气时，我通常会试着去想一下他的立场。	1	2	3	4	5
20	当我阅读一篇感人的故事或小说时，我想象着：如果故事中的事件发生在我身上，我会感觉怎么样？	1	2	3	4	5
21	当我看到有人发生意外而极需帮助的时候，我紧张得几乎精神崩溃。	1	2	3	4	5
22	在批评别人前，我会试着想象假如我处在他的情况，我的感受如何？	1	2	3	4	5

13. 亲社会行为问卷

亲社会行为问卷	对于下面的问题，请你根据实际情况，在右面合适的数字上打"√"。	完全不符合	很不符合	有些不符合	很符合	完全符合
1	众目睽睽之下，我会尽最大努力帮助他人。	1	2	3	4	5
2	对我来说最大的成就感是给那些非常痛苦的人以安慰。	1	2	3	4	5

亲社会行为问卷	对于下面的问题，请你根据实际情况，在右面合适的数字上打"√"。	完全不符合	很不符合	有些不符合	很符合	完全符合
3	当有他人在场时，我更容易去帮助需要帮助的人。	1	2	3	4	5
4	我认为帮助他人最有益的一面就是它会使我拥有良好的形象。	1	2	3	4	5
5	当有他人在场时为困境者提供帮助，我的获益会最多。	1	2	3	4	5
6	我愿意给危难者或亟须帮助者施予帮助。	1	2	3	4	5
7	他人向我求助时，我不会迟疑。	1	2	3	4	5
8	我更愿意匿名捐款。	1	2	3	4	5
9	我更倾向于帮助那些受伤非常严重的人。	1	2	3	4	5
10	当我得到益处时，去捐赠钱物才是最具有实际意义的。	1	2	3	4	5
11	我常常帮助那些需要帮助的人而不透漏有关我的信息。	1	2	3	4	5
12	我往往会帮助别人，特别是当他们在情感上非常痛苦的时候。	1	2	3	4	5
13	当我成为公众的焦点去帮助他人的时候，也是我尽力表现的时候。	1	2	3	4	5
14	当有人处于可怕的、极度需要帮助的环境中时，给他们提供帮助对我来说并不困难。	1	2	3	4	5
15	在多数情况下，我帮助别人不留姓名。	1	2	3	4	5
16	我认为对于那些做慈善工作的人所投入的时间和精力应该给予更多的认可。	1	2	3	4	5
17	在情绪高涨的情境中，我最能做出帮助他人的反应。	1	2	3	4	5
18	当有人寻求帮助时，我从不迟疑。	1	2	3	4	5
19	我认为，帮助他人而又不透漏我的信息，这是助人的最佳情境。	1	2	3	4	5
20	从事慈善工作的最大好处就是它丰富了我的简历，使我的简历给人感觉很好。	1	2	3	4	5
21	在受到大家情绪感染的情况下，我想要去帮助那些困境者。	1	2	3	4	5

续表

亲社会行为问卷	对于下面的问题，请你根据实际情况，在右面合适的数字上打"√"。	完全不符合	很不符合	有些不符合	很符合	完全符合
22	我常常匿名捐款，因为那样使我很愉快。	1	2	3	4	5
23	我认为，如果我帮助了别人，那么他们将来也应该帮助我。	1	2	3	4	5

后　记

　　本书的顺利完成得到很多专家和同行的指导和帮助，首先，要特别感谢我的博士后合作导师中国科学院心理研究所张建新研究员在研究思路和具体研究设计方面的耐心指点，其中课题组的王力、周明洁、张文彩、吴丽丽等老师的建议给予我很大的启发。其次，感谢我的研究生白纪云、吴茜玲、侯木兰、曾美红、何玉雪在文献搜集、问卷调查、招募被试者、实验施测、参考文献格式等方面提供的大力支持，她们的这些付出有力地促进了本课题的顺利完成。最后，感谢参与我们问卷调查和实验的匿名被试者，正是因为你们的参与，使得我们的科学研究得以顺利开展。

　　本书仍有许多不足之处，敬请各位专家批评指正！

李　霞

2020 年 1 月